JN016822

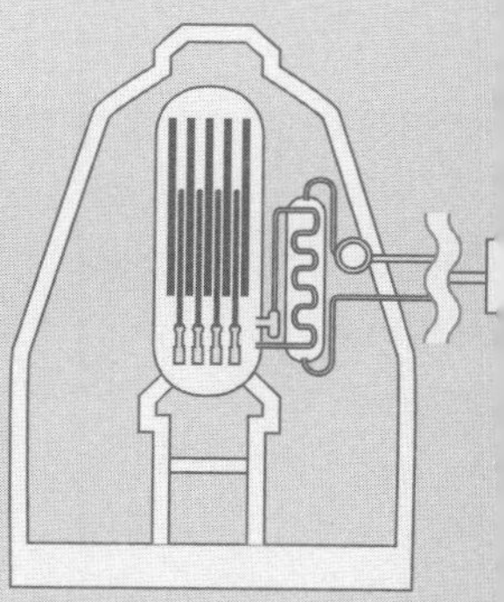

「原子力」のことが一冊でまるごとわかる

齋藤勝裕 著
Katsuhiro Saito

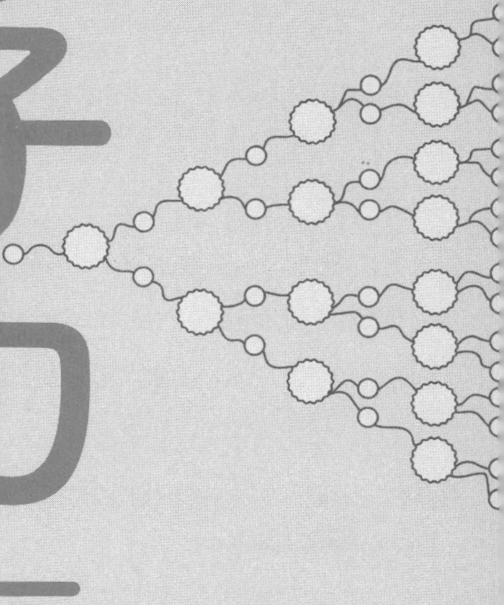

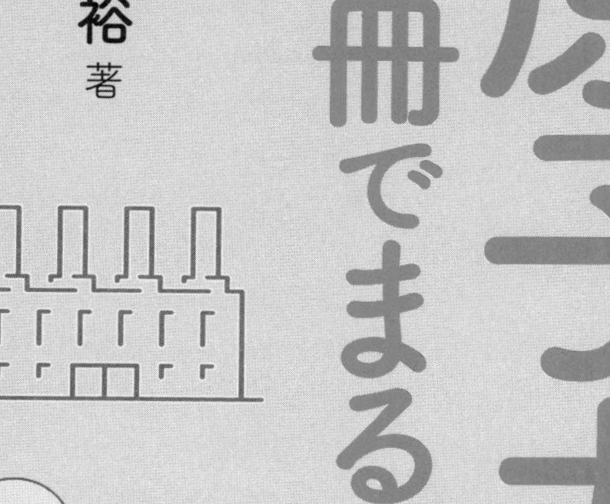

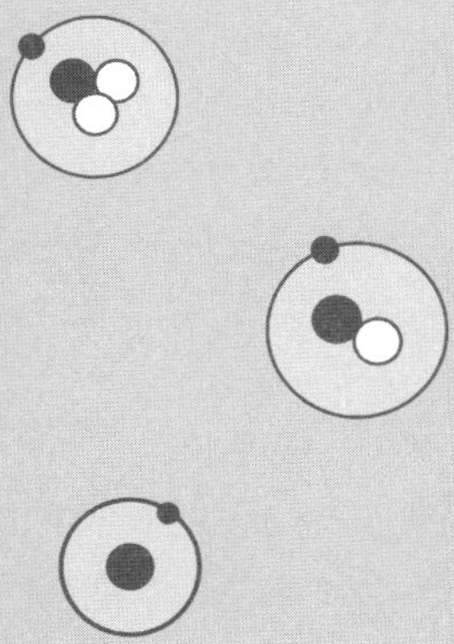

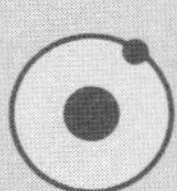

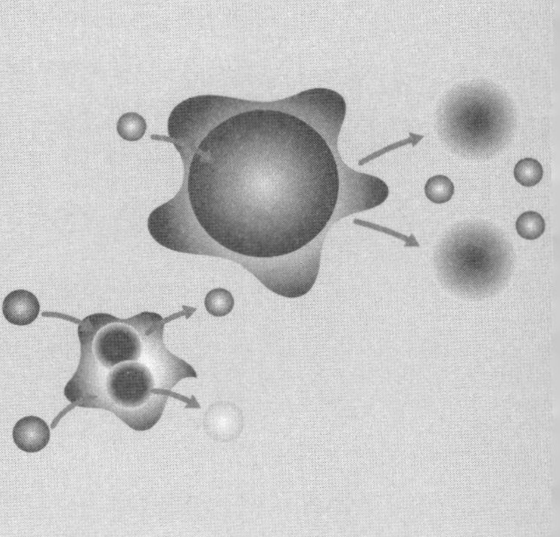

● はじめに ●

科学の目で「原子力」を見る

●原子核反応エネルギーとは？

宇宙を構成するすべての物質は原子からできています。原子は丸い雲のような電子雲と、その中心にある小さくて重い(密度の大きな)粒子である原子核からできています。

原子は「化学反応」を起こしますが、この反応は電子が起こすもので、原子核は長い間、不変の物質で変化(反応)は起こさないものと考えられてきました。

しかし20世紀になって、キュリー夫人らの努力によって原子核も反応を起こして、別の原子核に変化することが発見されました。この原子核が起こす反応を「原子核反応」と言います。

原子核反応は原子核反応エネルギーを発生しますが、その大きさは、電子の反応である化学反応とは比較にならないほど膨大であることがわかりました。

アインシュタインは、相対性理論を使ってそのエネルギーの大きさを推定しました。それが$E=mc^2$、いわゆるアインシュタインの式です。

それによって、原子核反応では原子の質量のうちmが消失し、エネルギー$E=mc^2$（cは光速)に変化することが明らかになりました。

●原子力利用の怖さとは？

これが「原子力・原子力エネルギー」と呼ばれる膨大なエネルギーであり、平和的に利用すれば大変に価値のあるものでした。しかし、残念ながら人間が最初に利用したのは「原子爆弾」という破壊兵器でした。

これではいけないと気づいた人類が、次に原子力を利用したのが「原子力発電」だったのです。

原子力発電はその初期は大きな事故もなく、静穏に稼働しましたが、半世紀ほどたって装置が巨大化し、人類がその扱いに慣れたころから事故が起こるようになりました。

アメリカで起こったスリーマイル島事故、ソビエト連邦共和国で起こったチェルノブイリ事故、日本で起こった福島第一原発事故などがその例です。特にチェルノブイリ事故と福島第一原発事故の被害の大きさは世界を震撼させました。

これら一連の事故を受けて、原子力発電は稼働させ続ける価値があるものかどうか、世界中で真剣な議論が交わされました。

●これからのエネルギー問題を考えるために

現代社会はエネルギーなしでは存続できません。現代のエネルギーの大半は石炭・石油・天然ガスという化石燃料に依存しています。しかし、化石燃料の燃焼は二酸化炭素を発生し、地球温暖化、気候変動などの重大問題を起こします。

それを補うかに見えた再生可能エネルギーは、まだ力不足のようです。このような状況の中、現代、あるいは次世代社会はエネルギー、特に原子力とどのように付き合っていけばいいのでしょうか？

そのようなことを考えるための資料として役立てていただけることができたらと思い、書いたのが本書です。

したがって本書は決して「原子力発電を薦める本」ではありません。同様に決して「原子力発電に反対する本」でもありません。

原子力発電に賛成するか、反対するかは読者ご自身がよくお考えになって「ご自分で判断すべき事柄」です。本書がそのためのお役に立つことができれば大変幸せに思います。

最後に本書の発刊に多大なご尽力をいただいた坂東一郎氏、入倉敏夫氏、ならびに参考にさせていただいた書籍の著者の皆様方、出版社の皆様方に篤く感謝申し上げます。

齋藤 勝裕

CONTENTS

第3章 原子力の話の前に原子と原子核を知っておこう

第4章 放射線について知っておきたいこと

第5章 原子力発電の仕組みを概観する

第6章 原子炉の内部を分解してみる

第7章 原子力発電は環境とどう関わるか

第8章 世界を震わせた原子炉事故を振り返る

第9章 これから原子力発電はどう進化していくのか

第10章 核融合炉は人類の将来を担うエネルギーの切り札？

第1章

原子力の歴史はここから始まった

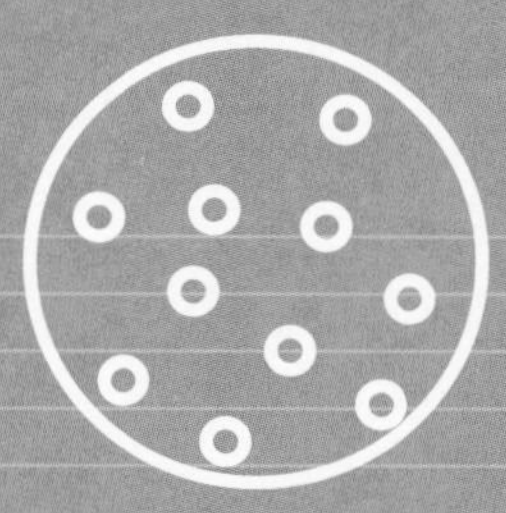

1-1

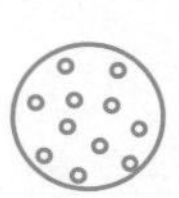

キュリー夫妻が開けた原子力時代の扉

——放射性元素の発見

本書は「原子力」について見ていく本です。原子力というと、危なくて怖いものと思いがちではないでしょうか？　確かに原子力は、扱い方を間違えると危なくて怖いものになります。それは2011年に起きた福島第一原子力発電所の事故などを見ればわかる通りです。

しかし、正しく付き合いさえすれば、原子力は人類にエネルギーと可能性を与えてくれる素晴らしいものになります。

●賛成でも反対でもない本書の立場

また原子力というと、発電や原子爆弾のことが思い浮かび、原子力の利用に賛成か反対か、と二者択一に考えてしまうことがあるでしょう。

最初にお断りしておきますが、本書の立場は、原子力の利用に賛成でも反対でもありません。ただ、「原子力に興味を持っている」だけです。ですから、本書のこれからの内容に「原子力の怖さを強調する」とか、「原子力のよさを強調する」といったことは一切ありません。「原子力とはどのようなものか？」「原子力はなぜ危ないのか？」「原子力はなぜ役に立つのか？」ということを、理論面と技術面から説明していくだけです。

原子力の利用に賛成か反対かは、皆さんが自分で考えて自分で決めることです。私はその判断材料を提供するだけです。賛成でも反対でもありません。

皆さんが本書を読んで、その上でご自分の立場を決めてくださること、それだけが本書の望むところです。

それでは内容に入っていくことにしましょう。

●キュリー夫妻を待っていた悲劇

キュリー夫妻のことは皆さんご存じだと思います。放射性元素の研究でノーベル物理学賞を受賞した夫妻です。

奥さんのマリー・キュリー（1867 ～ 1934）はその後も研究を続け、ノーベル化学賞も受賞しました。この 2 人がいなかったら、原子力の研究、さらに原子力時代はこんなにも早く幕を開けることはなかったでしょう。

本書もキュリー夫妻に敬意を表する意味で、夫妻の話から幕を開けることにしましょう。

1906年 4 月19日、マリーは朝から外出していました。夕刻、外出先から戻ったマリーを待っていたのは悲痛な知らせでした。夫のピエール（1859 ～ 1906）が事故で亡くなったというのです。

彼は馬車の行き交う狭い通りを歩いていて、馬車の前で転んだ子供を助けようとして馬車に轢かれたのです。馬車は 6 トンもの荷物を積んでおり、ピエールはその場で息を引き取ったということでした。マリーとピエールとはあの有名なキュリー夫妻です。

●マリー・スクウォドフスカという女性の生い立ち

キュリー夫人こと、マリー・スクウォドフスカは、ポーランドの出身でした。1867年11月7日生まれです。ポーランドは1810年に大音楽家のショパンを生んだ国ですが、当時のポーランドはロシアに支配され、独立国とは言えない状態でした。

マリーの父は下級貴族出身の教育者でしたが、ロシアはポーランドでの教育を事細かく支配していました。しかしマリーの父はそれに従わなかったため、教育職と住まいを奪われ、その上、投資に失敗したこともあって、一家の家計は一気に厳しい状況に置かれてしまいました。

当時ポーランド社会では、女性が高等教育を受けることには批判的でしたが、マリーは補助教員のアルバイトをしながら非合法のワルシャワ移動大学で学ぶことができました。

その後マリーはフランスに出て、当時女性でも科学教育を受講す

実験室でのキュリー夫妻。

ることができた数少ない教育機関のひとつであった、パリ大学で勉強しました。

そのころ知り合ったのが、電荷や磁気の研究を行なっていたピエール・キュリーでした。1895年、お互いに惹かれあった2人は結婚しましたが家計的には厳しく、新婚旅行はお祝いに友人からもらった自転車に乗ってのパリ郊外のサイクリングだったと言います。

●マリーが「放射能」「放射性元素」と名づけた

キュリー夫妻は人から借りた倉庫兼機械室で、暖房の設備もない建物を実験室とし、研究を始めました。2人は、1896年にフランスの物理学者**アンリ・ベクレル**(1852～1908)が報告した、「ウラン塩が放射するX線に似た透過力を持つ光線」に着目しました。

ベクレルは、この光線は燐光などとは異なって、外部からのエネルギー源を必要とせず、**ウラン**(元素記号U)自体が自然に放出していることを明らかにしましたが、その正体や原理は謎のまま放置していました。マリーとピエールはこの研究を独自に続行することにしました。

その結果、サンプルの放射現象はウラン含有量だけに左右され、光や温度などの外的要因に影響を受けないということがわかりました。つまり、ウランの放射は分子間の相互作用などによるものではなく、原子そのものに原因があることを示しています。

これは**放射が原子核に基づく現象である**ことを暗示するものであり、夫妻が明らかにした現象の中で最も重要な成果と言えるものです。

次にマリーは、この現象がウランだけの特性かどうかを確かめる

ために既知の元素80種以上を測定し、トリウム(Th)でも同様の放射があることを発見しました。この結果から、**マリーはこれらの放射に放射能、このような現象を起こす元素を放射性元素と名づけました。**

原子爆弾、水素爆弾、原子炉、原子力発電、核融合炉、放射線療法、と現代につながる放射現象が明らかになった瞬間です。

アンリ・ベクレル：キュリー夫妻とともにノーベル物理学賞を受賞したフランスの物理学者。

1903年、マリーとピエールはこの功績によってノーベル物理学賞を受賞しました。

●新放射性元素を次々に発見

その後もマリーの探究心は留まることを知らず、次々とさまざまな鉱物サンプルの放射能の研究を始めました。その結果、同じウランの鉱石でも燐銅(りんどう)ウラン鉱の電離はウラン単体の 2 倍もあり、さらに瀝青(れきせい)ウラン鉱では 4 倍もあることがわかりました。

この事実は、これらの鉱石にはウランよりもはるかに活発な放射を行なう何かしらの物質が含まれていることを意味します。

そこで1898年、夫妻は瀝青ウラン鉱(ピッチブレンド)という鉱石の分析にとりかかり、新元素を発見し、それにマリーの故国ポーランドにちなんで**ポロニウム**(Po)と名づけました。また、ポロニウムよりさらに強い放射線を放出する元素の存在もわかり、それを

ラジウム(Ra)と命名しました。

ただ、夫妻の発表に学会の反応は冷淡でした。物理学会、化学学会とも、夫妻の研究に注目することはありませんでした。

学界の人々を納得させるためには、純粋な元素を単離しなければなりません。しかし、ラジウムの単離は困難であり、1トンの瀝青ウラン鉱から分離精製できたラジウム塩化物は0.1gに過ぎませんでした。

夫妻はこのような研究結果を逐一学会に報告しました。やがてその努力の甲斐あって、学会も放射能や放射性元素に対する認識を改め、放射性元素の同位体発見や、ラジウム崩壊によるヘリウム発生の確認などとなって実を結びました。

これらは、「元素は不変」という当時の科学界の考え方に変革を迫り、原子物理学に長足の進歩をもたらしました。

その功績が認められ、夫妻は20世紀に入って間もない1903年にノーベル物理学賞を受賞したのです。

●キュリー夫妻の果たした役割

先ほどお話しした、ピエールが馬車の事故で亡くなったのは、ノーベル賞受賞の数年後のことでした。しかしマリーはその痛手から立ち直り、実験にとりかかりました。そして1910年、ついに8.5mg (0.0085g)の純粋ラジウム金属を単離することに成功しました。

さすがの化学学会も、この業績を無視することはできませんでした。ついに1911年、マリーにとって2回目のノーベル賞であるノーベル化学賞が授与されたのでした。

マリーはその後も精力的に研究を行ないましたが、とうとう1934年にフランスで亡くなりました。現在、死因は長期間の放射線被曝（ひばく）による再生不良性貧血と考えられています。しかし当時はまだ、放射線の危険性は知られていませんでした。そのためマリーは、放射性元素の入った試験管をポケットに入れて運んでいたようです。

マリーは、白内障による失明状態を含めて、放射線被曝によるさまざまな病気にかかっていた可能性があります。しかしマリーは、放射線被曝による健康被害については決して認めようとしなかったと言います。

自然現象を理解し、利用するためには２本の柱が必要です。１本は自然現象を発見するためのパイオニアとしての実験であり、もう１本はその自然現象を理解するための理論の構築です。

キュリー夫妻の果たしたのは、このパイオニアの役割でした。夫妻のおかげで私たちは、**「原子力というエネルギー」と「放射線という医療手段」を手にすることができた**のです。

マリーの死後60年たった1995年、キュリー夫妻の業績を称え、２人の墓はパリのパンテオンに移され、フランス史の誇る偉人として列せられました。マリーは、パンテオンに祀られた最初の女性でした。

パリのパンテオン：フランスの偉人たちを祀る墓廟。

（出所：M.Romero Schmidtke ）

げんしりょくの窓

キュリー夫妻の研究は、なぜ学会に認められなかったのか

学会はキュリー夫妻の研究を無視したと言いましたが、その理由は何だったのでしょう？

学会は、物理学会、化学学会、生物学会などたくさんあります。そして研究に対する態度、特に研究を評価する基準にはいろいろあり、その基準は時代によって変わります。

当時の物理学会は、現象の発見よりは、その現象が起こる原因、理論に重点を置いていたのです。つまり放射線が出るという現象それ自体の発見より、そうした現象がなぜ生じるのかという反応機構の解明が大切であり、その解明ができないままでは研究は未完成、という風潮があったようなのです。

一方、化学学会は、新元素の発見ならば、少なくともその元素の原子量が明らかにされなければ、発見とは見なさないという立場にこだわっていたようです。

20世紀の歴史を開いた2大理論
―― 相対性理論と量子論

マリー・キュリーがパイオニアとして活躍した20世紀の科学は、巨大な2つの理論によって幕を開きました。「**相対性理論**」と「**量子論**」です。相対性理論は、光速、重力、時間など、宇宙スケールの現象を対象とする理論でした。それに対して量子論は、電子、原子という極小粒子を対象とする理論です。

この、まるで正反対のような対象を相手にする2つの理論は、当初、まったく異なる理論と思われていました。しかし、理論が発展すると、両理論は結局は同じ事物、現象を対象にしていることがわかったのです。つまり、極大の宇宙は極小の微粒子からできていたのです。

●万能のニュートン力学の登場

アイザック・ニュートン(1643 ～ 1727)が著書『**プリンキピア**』(『自然哲学の数学的諸原理』)を著わし、力学の体系を述べたのは、マリーが生きた20世紀初頭より210年以上も前の1687年のことでした。

この中で彼は、当時知られていたそれまでの力学の歴史的遺産を総括した上で「**ニュートンの3法則**」と言われる法則、すなわち物体の動きは永続するという「**慣性の法則**」、力は質量と加速度の積であるという「**運動方程式**」、作用は反作用を生み出すという「**作用反作用の法則**」を明らかにしました。

『プリンキピア』で述べられた力学体系を一般に「ニュートン力学」と言いますが、この力学体系は当時知られていたすべての力学現象を完璧かつ合理的に説明しただけでなく、それ以来200年余、地上はもとより天体で起こるすべての出来事を細大漏らさず説明してくれました。

ニュートン力学に逆らうような現象はもちろん、いささかも説明に困るような現象も見つかりませんでした。物理学の世界は波ひとつ立たず、雲ひとつ浮かばない平穏なものでした。世界は正しく神の摂理に従うように、ニュートン力学に従って動いていました。

ところが19世紀も末ごろになって、観測機器の精度が上がるとともに観測技術が向上すると、ニュートン力学では説明に困るよう

アイザック・ニュートン：20世紀以前の平穏な物理学の世界を210年以上導いたニュートン力学を創始。

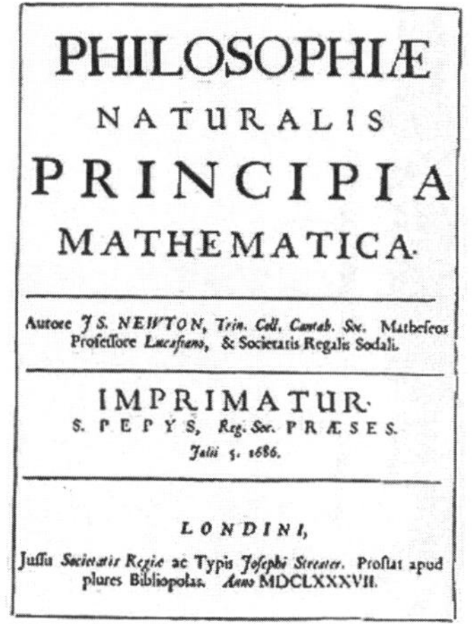
PHILOSOPHIÆ
NATURALIS
PRINCIPIA
MATHEMATICA.

Autore J S. NEWTON, Trin. Coll. Cantab. Soc. Matheseos Professore Lucasiano, & Societatis Regalis Sodali.

IMPRIMATUR.
S. PEPYS, Reg. Soc. PRÆSES.
Julii 5. 1686.

LONDINI,
Jussu Societatis Regiæ ac Typis Josephi Streater. Prostat apud plures Bibliopolas. Anno MDCLXXXVII.

『プリンキピア』初版本の扉。

な現象が見つかってきました。当時の物理学界のようすを「晴れた青空に1、2個の白い雲の浮かんだ状態」と喩(たと)えた物理学者がいました。

ところが、この「白い雲」はだんだん成長して黒くなり、やがて物理学界全体を覆うほどに発展したのでした。その正体は**電磁気学**でした。その解明不能な暗雲は、ニュートン力学では説明困難でしたし、ニュートン力学に代わるものと期待された、スコットランドの物理学者ジェームズ・クラーク・マクスウェル(1831〜1879)の古典電磁気学でも完全な説明は難しいものでした。

●宇宙全体を対象にした相対性理論の誕生

そのようなときに突如彗星のように現れたのが、当時無名の物理学者だった**アルベルト・アインシュタイン**(1879〜1955)が、1905年に発表した「**特殊相対性理論**」でした。「光より速いものはない」ということを前提として発展するアインシュタインの理論は難解で、発表当初には物理学者でも理解できる人は少なかったと言います。

しかし、特殊相対性理論は、ただ「難しくて理解困難な理論」で片づけられるものではありませんでした。**特殊相対性理論に従って予言された天文現象が実際に発見された**のです。

こうなっては仕方がありません。すべての物理学者、天文学者は理解できるできないにかかわらず、アインシュタインの理論に従わざるを得なくなったのでした。

アインシュタインは1915年に、特殊相対性理論を発展させ一般化した「一般相対性理論」を発表し、それによって相対性理論は完成しました。

光速という、とんでもない高速を相手にする相対性理論は、その研究対象を巨大、広大な宇宙全体に広げました。星の動き、星間を飛ぶ光、そこを亜光速(光に近い速さ)で移動する人間の乗ったロケット。相対性理論は、人々をそのようなめくるめく果てしない宇宙空間の研究、思考実験の世界に引きずり込んだのでした。

アルベルト・アインシュタイン：20世紀最高の物理学者とされ、1921年にノーベル物理学賞を受賞。

●宇宙と対極にある原子構造の解明

しかし当時、科学者が研究したのは天体や宇宙だけではありませんでした。壮大で巨大な宇宙と正反対の、極小の微粒子の世界を研究している科学者もいました。彼らもまた、ニュートン力学では解釈できない現象を発見して、頭を抱えていました。

それは原子の構造でした。当時、原子は「マイナスの電荷を持つ電子」と「プラスの電荷を持つナニモノか」からできているだろうということまではわかっていましたが、そのナニモノが何なのか、「電子とナニモノがどのように組み合わさって原子になっているのか？」という、原子構造に関しては何もわかっていませんでした。

ある科学者は、ナニモノは「プラスの電荷を持った電子のようなもの」で、「同じ個数のマイナス電荷の電子」と「プラス電荷のナニモノ」かが混じりあっているのが原子だと考えました。ポタージュスープのようなモデルです。日本では「**ブドウパンモデル**」（3－1節参照）などと呼ばれます。

またある科学者は、原子の中心にはプラスZの電荷を持った粒子があり、その周りをZ個のマイナス1の電荷を持つ粒子が回っているのだと考えました。惑星のようなモデルです。

図1-2●ブドウパンモデルと惑星モデル

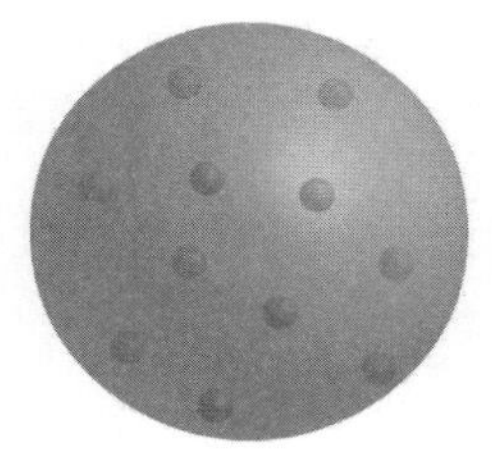

ブドウパンモデル：イギリスの物理学者ジョゼフ・ジョン・トムソン（1856～1940）が発表した。

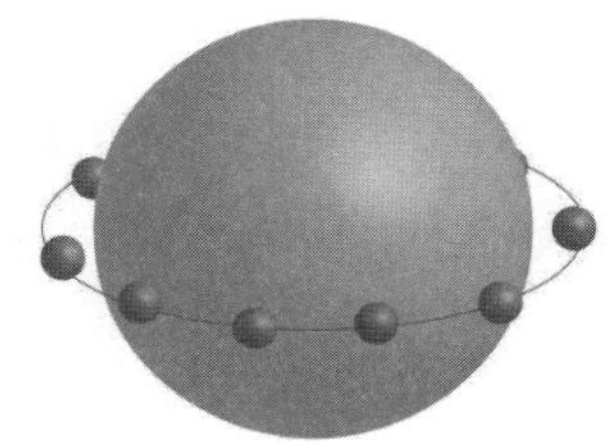

土星型モデル：原子構造論などで世界的な功績を挙げた長岡半太郎（1865～1950）が提唱した。

（出所：物質構造科学研究所）

●実験に導かれた量子論

このような議論の中からボンヤリと産声を上げたのが、後に相対性理論と並んで現代の2大理論と言われるようになる「**量子論**」でした。しかし生まれた当時の量子論は、「論」というようなものではありませんでした。

それは、惑星モデルのような空想の原子モデルで、実験の事実を説明しようと頭を捻っていたデンマークの物理学者**ニールス・ボーア**（1885～1962）の脳裏に1913年に閃いた「$nh/2\pi$」という暗号のような式でした。しかし、これこそが量子論の誕生だったのです。この式の「正の整数n」は、後に「**量子数**」と命名されました。

ただこの式は、「神の啓示」のように閃いたものですから、「なぜそうなるのだ？」と聞かれても答えようがありません。「このようにすると実験に合うのだ」と言うだけです。

科学は実験がすべてです。実験だけが正しい事実なのです。理論は実験を説明するために後からつけ足した方便に過ぎません。

理論は「実験に合うから正しい」のであって、「合わなくなったら棄てられる」だけです。相対性理論のおかげでニュートン力学も棄てられるところでした。しかし、幸いなことに、日常的な力学現象を説明するだけならニュートン力学で十分ですし、そのほうが簡単なので、今も使われているのです。

それはともかく、量子論は誕生の経緯こそこのような冴えないものでしたが、その後、エルヴィン・シュレーディンガー（1887～1961）、ルイ・ド・ブロイ（1892～1987）、ポール・ディラック（1902～1984）など、何人もの天才的な科学者である「家庭教師」に恵まれたおかげで、すくすくと育って現在の「量子論」に成長したのでした。

ニールス・ボーア：量子力学の先駆けとなった理論物理学者。

その点は、最初から天才として降って湧いたように現れた「相対性理論」とは大きな違いがあります。

1-3 $E=mc^2$は巨大エネルギーを表している

―― エネルギー・質量・光速の関係

相対性理論は「高速で飛行する物体は長さが縮む」とか、「高速ロケットに乗っていると歳をとらない」とか、いろいろな奇想天外な結論を導き出して、世界中を驚かせました。

そのようなもののひとつに「$E=mc^2$」という式があります。

●アインシュタインの言っているのは簡単なこと

現代科学で最も有名な式と言えば、$E=mc^2$でしょう。これはアインシュタインが1905年に発表した「特殊相対性理論」の中で提示した式であり、彼の名前をとって「**アインシュタインの式**」と言われます。

ここで、Eはエネルギー（J＝ジュール）、mは質量(kg)、cは光速(秒速 3×10^8m)です。

一見したところ、「これ以上単純な式はないのではないか？」と思われるほど単純な式です。では、この式は何を意味しているのでしょう？　簡単です。**「エネルギーE」は「質量m」（重さ）に「光速cの2乗(c^2)」を掛けたものに等しい**、と言っているのです。

つまり、**エネルギーは重さになり、重さはエネルギーになり、そ**

の際の係数が「光速の２乗である」と言っているのです。

質量(重さ)は物質の本質のようなものです。物質とは有限の質量と体積を持ったモノであり､これらを持たないモノは「精神か幽霊」と考えられていました。

ところがアインシュタインは、**質量とエネルギーは同じもので、互換性がある**と言ったのです。

●石炭１gが石炭4000トンと同じエネルギー？

「質量とエネルギーが同じだと言われても、ピンときません。何か例はないでしょうか？」

という質問が聞こえてきそうです。実は私も、ここで例を出そうと思って用意していました。この互換性がどれくらいのものか、実際に計算して確かめてみましょう。

アインシュタインの式で、mは質量であり、物質の種類は指定していません。したがって、物質は石油でもウランでもパンでも空気でも､何でもいいのですが､考えやすいように石炭としてみましょう。

石炭１gが、そのままそっくりエネルギーに代わると、

$$E=mc^2=(1\times10^{-3})\times(3\times10^8)^2=9\times10^{13}\ (\mathrm{J})$$

となります。

石炭１gが普通に燃焼した場合、燃焼熱として発するエネルギーは、石炭の種類によって異なりますが、１gあたり20～30kJ、つまり２～3×10^4Jです。

したがって、石炭１gがそっくりエネルギーに変化すると、石炭3000～4000トンが燃えた場合と同じだけのエネルギーが発生することになります。

燃焼という化学反応で発生するエネルギーと比べて、はるかに大きいことがよくわかります。これが後に見る原子核反応において発生するエネルギー、原子力なのです。

図1-3-1●石炭1gのエネルギーは？

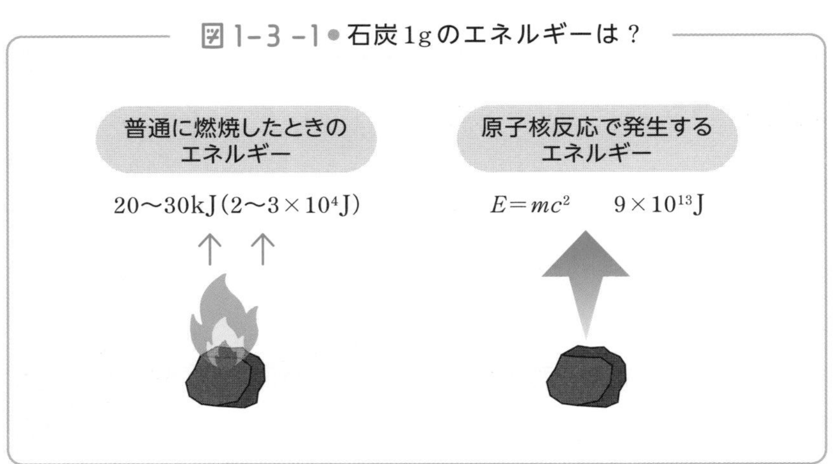

●ゆらぐ質量不滅の法則

エネルギーの本質とその利用を考える研究分野に、古くはロバート・ボイル、ジャック・シャルル、新しくはマクスウェルなどによって究明された「熱力学」という分野があります。この分野は物理学分野だけでなく、化学分野にも密接に関係しているので、その分野だけを抽出して「化学熱力学」という研究分野が確立されています。

その熱力学には有名な法則が3つあり、まとめて「熱力学の3大法則」と呼ばれます。その中で最もよく知られているのが、「**熱力学第1法則**」です。

これは「**質量不滅の法則**」、あるいは「質量保存の法則」とも言われます。その中身は、熱や物質の出入りがなく、外界と接触のない「孤立系」における反応では、**「化学変化（化学反応）の前後を通**

じて質量の総和は変化しない」という法則です。簡単に言えば、化学反応式A→Bにおいて左辺と右辺の間に質量の違いはないという法則です。

この法則は「第1法則」と言われるだけあって、長い間、宇宙の大法則と信じられてきました。しかし、質量とエネルギーの相互変換が起こることが明らかになった以上、このままではすみません。

質量とエネルギーは等価なのだから、質量はエネルギーを含み、エネルギーは質量を含むと理解した上で、相変わらず「質量不滅の法則」と言うか、あるいは「エネルギー不滅の法則」と言うか、悩ましいところです。

紛らわしいことは避けて「熱力学第1法則」として「質量とエネルギーの総和は不変である」と言うのがいいのかもしれません。

図1-3-2●質量不滅の法則

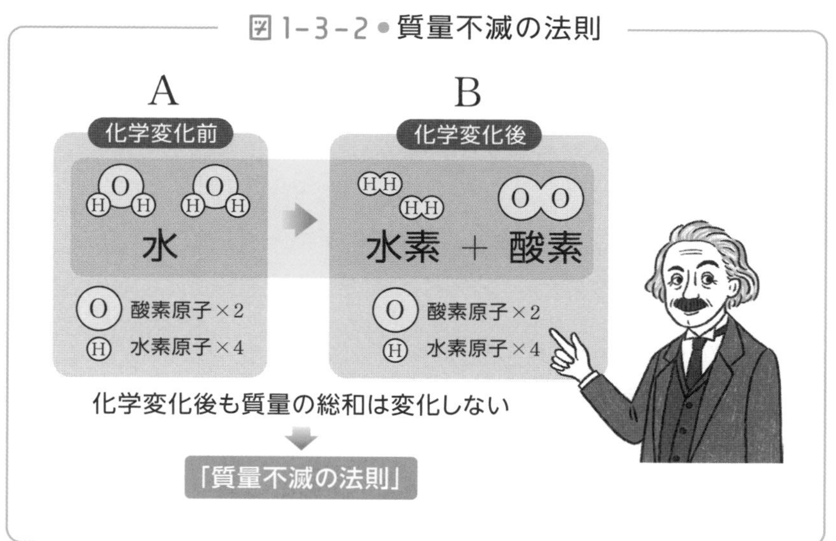

げんしりょくの窓

周期表についての基本知識

周期表……周期表は元素を原子番号の順に並べて適当なところで折り曲げた表です。現在の周期表には118個の元素が収録されていますが、地球上の自然界に存在する元素はウランまでであり、それ以上の大きな元素は人工元素です。原子と元素の違いについては第6章最後のコラムを見てください。

族……周期表の上に1〜18の数字が振ってありますが、これは元素の「族」を表し、例えば数字1の下に並ぶ元素を1族元素と呼びます。

周期……表の左右に1〜7の数字が並んでいますが、これは元素の「周期」を表し、原子の大きさに対応します。元素の周期は3-1節で見る電子配置に対応しており、第1周期の元素では最外殻電子は量子数＝1の電子殻（K殻）に入り、第2周期元素では量子数＝2のL殻に入ります。

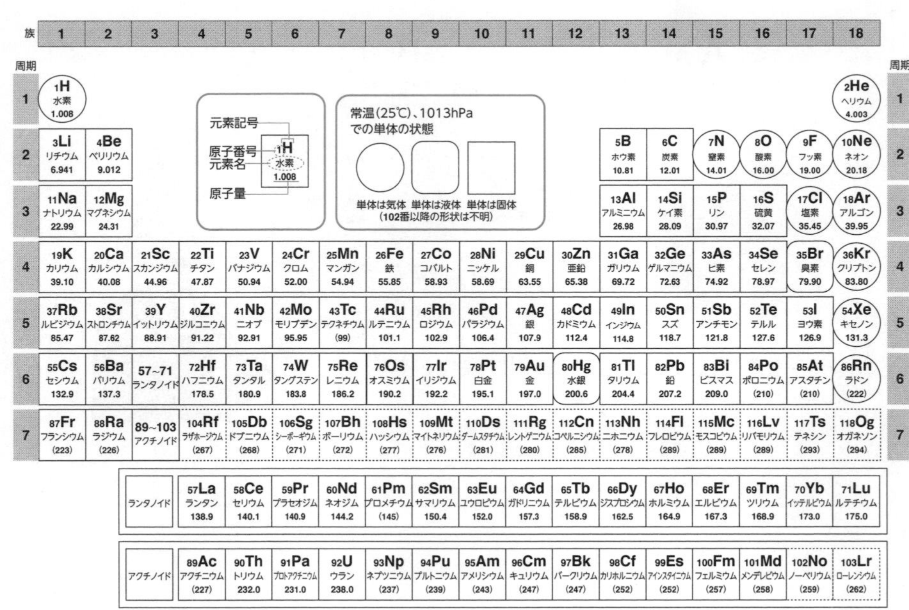

周期＼族	1	2	3	4	5	6	7	8	9	10	11	12	13	14	15	16	17	18	周期
1	1 H 水素 1.008																	2 He ヘリウム 4.003	1
2	3 Li リチウム 6.941	4 Be ベリリウム 9.012											5 B ホウ素 10.81	6 C 炭素 12.01	7 N 窒素 14.01	8 O 酸素 16.00	9 F フッ素 19.00	10 Ne ネオン 20.18	2
3	11 Na ナトリウム 22.99	12 Mg マグネシウム 24.31											13 Al アルミニウム 26.98	14 Si ケイ素 28.09	15 P リン 30.97	16 S 硫黄 32.07	17 Cl 塩素 35.45	18 Ar アルゴン 39.95	3
4	19 K カリウム 39.10	20 Ca カルシウム 40.08	21 Sc スカンジウム 44.96	22 Ti チタン 47.87	23 V バナジウム 50.94	24 Cr クロム 52.00	25 Mn マンガン 54.94	26 Fe 鉄 55.85	27 Co コバルト 58.93	28 Ni ニッケル 58.69	29 Cu 銅 63.55	30 Zn 亜鉛 65.38	31 Ga ガリウム 69.72	32 Ge ゲルマニウム 72.63	33 As ヒ素 74.92	34 Se セレン 78.97	35 Br 臭素 79.90	36 Kr クリプトン 83.80	4
5	37 Rb ルビジウム 85.47	38 Sr ストロンチウム 87.62	39 Y イットリウム 88.91	40 Zr ジルコニウム 91.22	41 Nb ニオブ 92.91	42 Mo モリブデン 95.95	43 Tc テクネチウム (99)	44 Ru ルテニウム 101.1	45 Rh ロジウム 102.9	46 Pd パラジウム 106.4	47 Ag 銀 107.9	48 Cd カドミウム 112.4	49 In インジウム 114.8	50 Sn スズ 118.7	51 Sb アンチモン 121.8	52 Te テルル 127.6	53 I ヨウ素 126.9	54 Xe キセノン 131.3	5
6	55 Cs セシウム 132.9	56 Ba バリウム 137.3	57~71 ランタノイド	72 Hf ハフニウム 178.5	73 Ta タンタル 180.9	74 W タングステン 183.8	75 Re レニウム 186.2	76 Os オスミウム 190.2	77 Ir イリジウム 192.2	78 Pt 白金 195.1	79 Au 金 197.0	80 Hg 水銀 200.6	81 Tl タリウム 204.4	82 Pb 鉛 207.2	83 Bi ビスマス 209.0	84 Po ポロニウム (210)	85 At アスタチン (210)	86 Rn ラドン (222)	6
7	87 Fr フランシウム (223)	88 Ra ラジウム (226)	89~103 アクチノイド	104 Rf ラザホージウム (267)	105 Db ドブニウム (268)	106 Sg シーボーギウム (271)	107 Bh ボーリウム (272)	108 Hs ハッシウム (277)	109 Mt マイトネリウム (276)	110 Ds ダームスタチウム (281)	111 Rg レントゲニウム (280)	112 Cn コペルニシウム (285)	113 Nh ニホニウム (278)	114 Fl フレロビウム (289)	115 Mc モスコビウム (289)	116 Lv リバモリウム (289)	117 Ts テネシン (293)	118 Og オガネソン (294)	7

ランタノイド	57 La ランタン 138.9	58 Ce セリウム 140.1	59 Pr プラセオジム 140.9	60 Nd ネオジム 144.2	61 Pm プロメチウム (145)	62 Sm サマリウム 150.4	63 Eu ユウロピウム 152.0	64 Gd ガドリニウム 157.3	65 Tb テルビウム 158.9	66 Dy ジスプロシウム 162.5	67 Ho ホルミウム 164.9	68 Er エルビウム 167.3	69 Tm ツリウム 168.9	70 Yb イッテルビウム 173.0	71 Lu ルテチウム 175.0
アクチノイド	89 Ac アクチニウム (227)	90 Th トリウム 232.0	91 Pa プロトアクチニウム 231.0	92 U ウラン 238.0	93 Np ネプツニウム (237)	94 Pu プルトニウム (239)	95 Am アメリシウム (243)	96 Cm キュリウム (247)	97 Bk バークリウム (247)	98 Cf カリホルニウム (252)	99 Es アインスタイニウム (252)	100 Fm フェルミウム (257)	101 Md メンデレビウム (258)	102 No ノーベリウム (259)	103 Lr ローレンシウム (262)

第2章

原子核反応の利用によって エネルギー問題は解決するか

2-1 化学エネルギーと再生可能エネルギー

―― それぞれの問題点

●人間にとってエネルギーとは

自然界はエネルギーに満ちています。太陽エネルギー、火力・風力・水力エネルギーなどです。人間と動物の違いのひとつは、このエネルギーを利用できるかどうかです。

20世紀になって、人間は原子力という新しいエネルギーを手に入れました。このエネルギーをどのように利用しようとしているのでしょうか。

現代の私たちの目から見たら、上記のように自然界はエネルギーの塊のようなものです。わかりやすいものだけでも、太陽の光エネルギー、水力・風力のエネルギー、カミナリの電気エネルギー、地熱による火山のエネルギーなどがあります。位置エネルギーにしても地球の引力に基づくエネルギーです。

このようにエネルギーはあらゆるところに潜んでいます。

人間はその歴史の初期からエネルギーを用いて生活してきました。食料の煮炊き、照明、寒さしのぎとして火を燃やすというのはその一環です。このころの火力は、もっぱら木材を燃やして発生する**化学エネルギー、すなわち反応エネルギーである燃焼エネルギー**でした。

やがて船などの動力として水力、風力を用いるようになり、バイオエネルギーの一環ともいうべき家畜の力も、貴重なエネルギーとして運搬、農耕などに用いられました。

そして**19世紀に入ると、エネルギーの中心に座ったのは電気エネルギー**でした。現代社会が電力なしで成り立たないことは明白です。

●化石燃料の主役は石炭から石油へ

18世紀に入ると、イギリスを契機として欧州には産業革命の嵐が吹き荒れました。まったく新しいコンセプトに基づく機械生産体制が導入されると、それまでの家内工業的、木材燃焼エネルギー的、家畜エネルギー的な生産体制では需要に追いつかなくなりました。

そのようなときに着目されたのが、石炭の利用です。石炭は重量あたりのエネルギー生産量が木材とは比較にならないほど高かったのです。そのため、イギリスをはじめ世界の燃料エネルギー資源の価値は一挙に石炭に傾きました。

石炭は太古の時代に森林として生い茂っていた樹木が枯れて倒れ、地中に埋もれた後、地圧と地熱によって炭化、石化したもので、一般に**化石燃料**と呼ばれています。

石炭は大量生産が可能な燃料ですが、固体だけに取り扱いが不便です。そうこうするうちに同じ化石燃料である石油、天然ガスが発見され、使用されるようになりました。

液体の石油、気体の天然ガスは固体の石炭に比べて扱いははるかに容易で便利です。中でも便利なのは石油であり、それを蒸留精製して得られたガソリン、灯油、重油は時代の燃料として重宝されました。

現代ではガソリンは自動車、航空機などの燃料、灯油は家庭の暖房用燃料、重油はディーゼルエンジン車、船舶用燃料として欠かせないものになっています。そのようなことで20世紀中葉に入ると、石炭、石油、天然ガスという3種の化石燃料の中で石油の占める割合が断然大きくなっていきました。

●化石燃料の問題点が明らかになってきた

しかし、時代が進むにつれて、万能に思われた化石燃料にも思わぬ弱点のあることが明らかになりました。

①公害

1970年代、日本は公害問題で揺れていました。公害の原因はいろいろありましたが、エネルギーに絡んだものとして四日市ぜんそくがありました。

これは三重県四日市市に新しくできた工業地域、四日市コンビナートの工場群が排出する煤煙に含まれるイオウ酸化物(SOx)が原因になって起こった集団ぜんそくです。幸いにも工場が採用した脱硫装置が効を奏し、現在では四日市ぜんそくは終息しています。

②地球温暖化

現在大きな問題になっているのは、化石燃料の燃焼によって発生する二酸化炭素に基づく**地球温暖化**です。このまま化石燃料を使い続けると、海水の膨張によって今世紀末には海面が50cm上昇するという試算もあります。それでなくても最近は気候変動が激しく、世界各地で洪水、高温が発生しています。

③埋蔵量

化石燃料の困るところは、二酸化炭素の発生もありますが、もうひとつは埋蔵量に限りがあるということです。

現在、存在が確認されている燃料を現在のペースで採掘、使用し続けると、あと何年持つかという年数を**可採年数**と言います。**石炭は130年、石油、天然ガスがそれぞれ50年**です。

可採年数は**原子力燃料のウランでも計算されており、それによれば70年**となっています。

●無尽蔵な再生可能エネルギー

このようにいろいろな課題を抱えた化石燃料は、使用を控えるべきだという声が大きくなりつつあります。ただ問題は、化石燃料を使用しないで、どのようにしてエネルギーを調達するのかということです。

そのような化石燃料に代わる**代替エネルギーとして注目されるのが、原子力(核エネルギー)と再生可能エネルギー**です。原子力は本書のメインパートである後の章で詳しく見ることにして、ここでは再生可能エネルギーについて見てみましょう。

再生可能エネルギーとは、そのものズバリの「使っても再生できるエネルギー」だけでなく、「使っても減らないエネルギー」をも含めて言います。

再生できるエネルギーの代表は木材(薪炭)です。これは燃えると二酸化炭素になりますが、若木がそれを吸って光合成を行ない、次の木材に成長します。このように二酸化炭素は木材として再生されます。

ほかにも使っても減らないエネルギーはたくさんあります。**水力、風力はその代表的なものですし、太陽から送られてくる熱・光も無尽蔵**と考えていいでしょう。というより、水力、風力は太陽エネルギーの変形と考えることもできます。

地球内部のマントルに蓄えられた熱、すなわち地熱も無尽蔵です。潮力は月と地球の間の引力に基づくエネルギーですから、これも無尽蔵です。

●再生可能エネルギーの問題点

無尽蔵に使うことができ、環境を汚すこともない再生可能エネルギーですが、いいことばかりではありません。

①水力発電

水力利用の第一は水力発電ですが、そのための**ダム建設は環境にとって重大な問題**となっています。

巨大ダム建設のために村が水没することがありますし、ダムによって下流の水環境が渇水などで大きく変化し、環境破壊につながります。ダムの巨大な重量のおかげで地盤が変化し、地盤沈下などが起こります。

また、上流から運ばれてくる土砂がダムを埋め、浚渫(しゅんせつ)を繰り返さない限り、やがてダムは用をなさなくなります。さらに、万一ダム

黒部ダム（富山県）：1963年に完成した日本を代表するダムのひとつで、水力発電専用。

が崩壊したら、その被害は見積もることもできないほど大変なものになるでしょう。

②自然エネルギー

太陽光発電、風力発電など天候に頼る発電は、発電量が天候任せになるという弱みがあります。雨が降ったら太陽光発電は無力ですし、無風あるいは反対に台風のような強風時には、風力発電も無力です。

このような不安定な電力を用いる場合には、高効率大容量の蓄電池の開発が必須の課題です。また太陽電池で大量の電力を得るためには広大な面積を必要とし、森林伐採が不可欠です。これは洪水の元凶になりかねません。

風力発電の巨大風車は倒壊の恐れや低周波公害のため、人家の近辺では設置困難です。海上設置は遠浅海岸の少ない日本では難しく、

オランダ・フレヴォラント州の風力タービン。(Shutterstock.com.)

多くは筏（いかだ）式の海上浮遊型になりそうですが、その場合、設置、維持に高額な費用がかかりそうです。

③バイオエネルギー

現在、実用化されているバイオエタノールはトウモロコシをアルコール発酵させたものです。トウモロコシは主に中米、南米の国々では主食であり、その主食を燃やしてエネルギーにするというのでは、倫理面での問題もあります。

セルロースの微生物分解によるグルコース生成、生ごみや糞尿の利用などを考える必要がありそうです。

2-2 現代社会に必要な爆発エネルギーと爆薬

―― 化学爆薬の誕生

「爆薬」というと戦争や事故を連想し、危険なものというイメージがありますが、爆薬は現代社会に必要なものです。

現代科学産業に必須のレアメタル、レアアース、あるいは貴金属を鉱山から採取するには爆薬が必須です。江戸時代の佐渡金山の採掘のような人力では追いつきません。1869年に完成したスエズ運河はスコップとツルハシを用いて人力で掘りました。しかし、1881年に着工したパナマ運河では失敗しました。

熱帯特有の病気、マラリアや黄熱病で工事作業員が倒れてしまったのです。パナマ運河が完成したのは1914年のことですが、この完成はちょうどそのころ開発、使用されていた爆薬、ダイナマイトのおかげだったのです。

●「空気からパンをつくった男」ハーバーとボッシュ

爆発というのは簡単に言えば急速な燃焼です。中国で発明された火薬は現在の黒色火薬であり、これは炭（C）、イオウ（S）、硝石（硝酸カリウム・KNO_3）の混合物でした。このうち、炭とイオウは燃料であり、硝石は酸素供給剤でした。爆薬の高速な燃焼のためには、空気から自然供給される酸素だけでは足りないのです。

しかし天然の硝石は少なく、昔の硝石は兵士のオシッコに含まれる尿素(CH_4N_2O)からつくっていました。つまり積み上げた藁(わら)にオシッコをし、硝酸菌で発酵させて硝酸にし、その藁を鍋で煮て、藁に含まれるカリウムと硝酸を反応させて硝石の結晶を得ていたのです。

当然ながらその作業はものすごい悪臭に包まれ、近世フランス王国の王朝であるブルボン王朝(1589～1792・1814～1830)では、作業員に特別報酬を出していたそうです。ですから戦争が始まると最初は派手に撃ちあっても、やがて硝石が尽きると外交交渉によって停戦します。昔は、大戦争は起こりようがなかったのです。

ところが20世紀初頭、ドイツの2人の科学者フリッツ・ハーバーとカール・ボッシュが空気中の窒素(N_2)と、水を電気分解して得る水素(H_2)からアンモニア(NH_3)を合成する技術(**ハーバー・ボッシュ法**)を開発しました。

アンモニアから硝酸(HNO_3)をつくるのは容易です。硝酸とカリウムを反応させれば硝酸カリウムになります。窒素とカリウムは植物の3大栄養素の2つです。つまり硝酸カリウムは、爆薬であると同時に優れた化学肥料なのです。

そして硝酸とアンモニアを反応させれば硝酸アンモニウム(NH_4NO_3)になります。後でわかったことですが、硝酸アンモニウムは優れた窒素肥料であると同時に、爆発力の強い爆薬でもありました。

このおかげで2人は「空気からパンをつくった男」という最大の賛辞とともにノーベル賞を受賞しました。

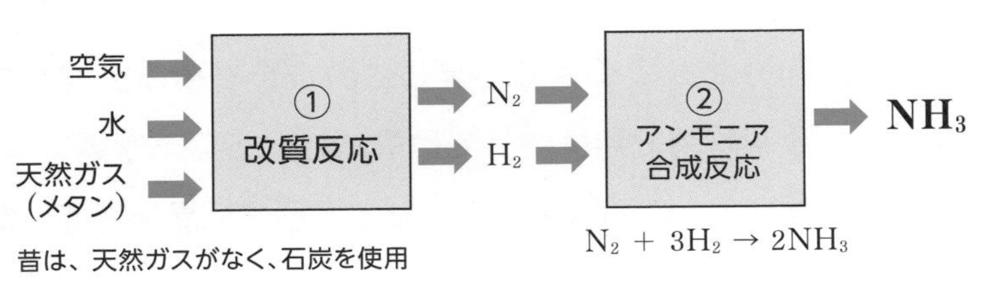

図 2-2-1● 空気と水からアンモニアを合成するハーバー・ボッシュ法

（出所：つくば科学万博記念財団『つくばサイエンスニュース』より作成）

●簡単にできるようになった化学爆薬

硝酸は1分子中に3個の酸素原子を含み、酸素供給にはもってこいの分子です。ということで、ダイナマイトの原料であるニトログリセリン、爆弾の爆薬であり、爆薬の標準品であるトリニトロトルエン(TNT)は硝酸を使ってつくられます。そして硝酸は、ハーバー・ボッシュ法で合成されたアンモニアからつくられます。

ハーバー・ボッシュ法は空気からパンだけでなく、爆薬までつくる技術だったのです。

それ以来、爆薬はとめどなくつくられるようになりました。第一次世界大戦でドイツ軍の使った爆薬の大部分は、ハーバー・ボッシュ法によるものだとの説もあります。

硝酸アンモニウム(硝安)は優れた化学肥料ですが、大爆発を起こすことでも知られています。1921年、ドイツのオッパウで起こった爆発事故では死者509人、行方不明者160人、負傷者1952人が出たと言われます。

その後も硝安が原因となった大爆発は続きましたが、最近では2015年に中国の天津で起こった爆発事故が硝安によるものと言われています。この事故は死者165人、行方不明者 8 人、負傷者798人にのぼると言われています。

さらに2008年ごろに続けて何件も起こった自動車のエアバッグによる事故でも、使われていた爆薬は硝安だったと言われています。エアバッグは事故と同時に膨らまなければならないので、そのためには爆薬で膨らませる必要があるのです。

これまでは鉱山や土木工事などの民生用に使われる爆薬はダイナマイトが一般的でしたが、現在では硝安をもとにしたアンホ爆薬(硝安油剤爆薬)が主流となっています。

図 2-2-2 ● 油脂からニトログリセリンへの変化

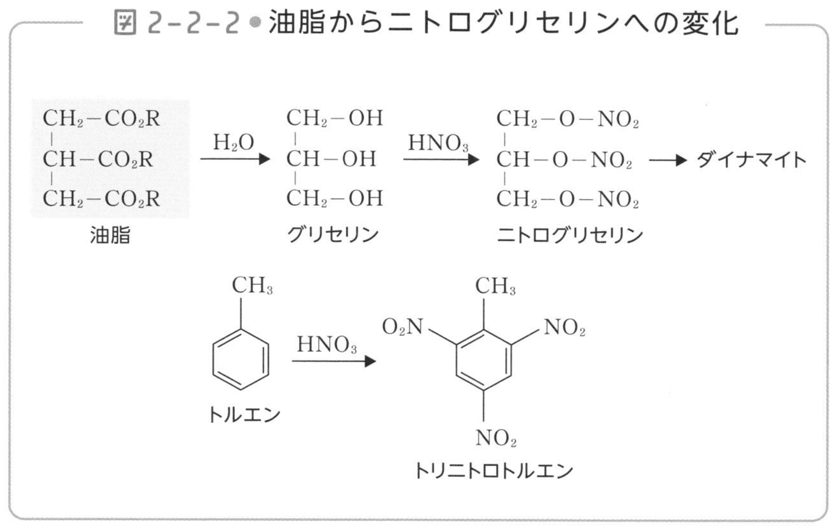

2-3 原子力エネルギーの利用：核分裂反応は何に使われたか

——原子爆弾の構造

アインシュタインの式によって、人類はそれまでの、猿人から数えれば数百万年を超える歴史を通じて使い続けてきた火に代わる新しいエネルギーを利用する可能性が開けました。

ちょうどそのころ、キュリー夫妻をはじめとする実験化学者の努力によって、ラジウム(Ra)、ポロニウム(Po)、ウラン(U)などの放射性元素が発見されました。

これはそれまでの常識であった「元素は不変」という認識を変え、**元素もまた反応して他の元素に変化するものであり、その際、放射線などの高エネルギー体を放射する**のだということが明らかになりました。ここまでくれば、原子核エネルギーの利用は先が見えています。

●原子核エネルギーを何に使ったか

しかし、人類が最初に用いた原子核エネルギー、原子力は大量殺人と大規模破壊に使われました。それが**原子爆弾**です。

アインシュタインの式$E=mc^2$が発表されたのは1905年でした。そして原子爆弾が広島と長崎に投下されたのは1945年でした。その間、わずか40年です。奈良女子大学名誉教授の数学者、岡潔（おかきよし）先生は次のように言っています。

「職業にたとえれば、数学に最も近いのは百姓だといえる。種をまいて育てるのが仕事で…（中略）…数学者は種子を選べば、あとは大きくなるのを見ているだけのこと…（中略）…これにくらべて理論物理学者はむしろ指物師に似ている。人の作った材料を組み立てるのが仕事で、そのオリジナリティーは加工にある。理論物理はド・ブローイー、アインシュタインが相ついでノーベル賞をもらった一九二〇年代から急速にはなばなしくなり、わずか三十年足らずで一九四五年には原爆を完成して広島に落した。こんな手荒な仕事は指物師だからできたことで、とても百姓にはできることではない」（『春宵十話（しゅんしょうじゅうわ）』）

正しくこの言葉を体現した事実でした。アインシュタインの式の発表からたった40年で原子炉をつくり、人工元素**プルトニウム**（Pu）をつくり、それを爆薬として原子爆弾をつくってしまったのです。原子爆弾をつくって爆発させてしまってから、シマッタ！と思ったようですが、後の祭りです。現代科学の一大汚点と言っていいでしょう。

アインシュタインの式は、**反応で質量mの物質が消滅すれば、代わりにmc^2のエネルギーが発生する**ことを示しています。この、質量が消滅する現象を「**質量欠損**」と言います。そして質量欠損が起きるのは、ウランのような大きい原子核が壊れて小さくなるとき（**核分裂**）と、反対に水素のような小さな原子核が2個融合して大きな原子核になるとき（**核融合**）です。

人類はこの両者とも大量殺戮兵器に利用したのです。それが原子

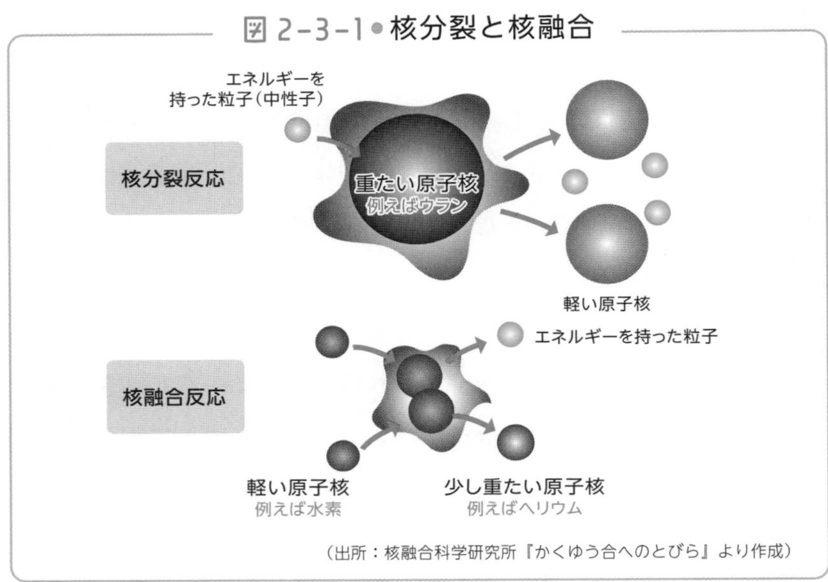

(出所:核融合科学研究所『かくゆう合へのとびら』より作成)

核を用いた核爆弾で、**核爆弾には核分裂を用いた原子爆弾と核融合を用いた水素爆弾**があります。

●核分裂反応をどう利用したか

最初にできたのは原子爆弾でした。一般に爆弾は、鉄製の容器に爆発物を入れたものです。原子爆弾も同じです。しかし、容器をつくるのは簡単ですが、問題は爆発物です。特に原子核反応を用いた核爆弾では爆発物の作成が問題になります。

原子には次章で見る**同位体**という問題がありますが、原子核反応ではこの同位体が大きな意味を持ってきます。原子爆弾では爆発物として**ウラン**の同位体であるウラン235 (^{235}U)や**プルトニウム**(Pu)の同位体、プルトニウム239 (^{239}Pu)を用います。

このうち、自然界に存在するのはウランであり、**プルトニウムは**

ウランを原子炉に入れて、原子核反応を起こすことによってつくられる人工元素なのです。

①原子爆弾の構造

次章で見るように、ウランやプルトニウムには**臨界量**という量があります。この量を超えた塊をつくれば、**ウランやプルトニウムが勝手に自然爆発するという量が臨界量**です。このことさえわかれば原子爆弾をつくるのは簡単です。

今から50年も前の、まだインターネットのない時代にマサチューセッツ工科大学（MIT）の学部学生が、休暇中の自由課題研究として原子爆弾の設計図をつくり、軍部を驚かしたことがありました。

原子爆弾はウランを爆発させるための仕掛けを持った容器と、爆薬に相当するウランを組み合わせただけのものです。MITの学生が設計したのは容器のほうです。容器をつくるのは簡単です。気の利いた街工場なら、1週間もあればつくってしまうのではないでしょうか。

問題は爆薬のウランなのです。

原子爆弾には核爆薬の違いによって2種類あります。ひとつはウラン235（^{235}U）を用いるウラン型で、広島に投下された**リトルボーイ**がこれでした。もうひとつは人工元素であるプルトニウム239（^{239}Pu）を用いるもので、長崎に投下された**ファットマン**がこれでした。

原子爆弾の構造は原理的には簡単です。**臨界量のウランの塊を小分けにしておき、爆発させたいときにこれを合体させる**だけです。そうすれば、臨界量を超えたウランは勝手に爆発してくれます。

②リトルボーイの構造

この構造は、一般にガンバーレル(銃身型)と言います。原理通りの簡単な構造です。図 2−3−2 のように臨界量の半分量の核物質を離して設置し、各々のうしろに化学爆薬を置いて、これを爆発させるのです。ウランの塊は合体して臨界量になります。

しかし、この構造はプルトニウムには使うことができず、しかも、小型化することが困難でした。

③ファットマンの構造

これは爆縮型と言われるもので、分離させておいた核物質を球形に押し固めてしまう方法です。プルトニウムに対応できるため、現

図 2−3−2● リトルボーイとファットマンの構造

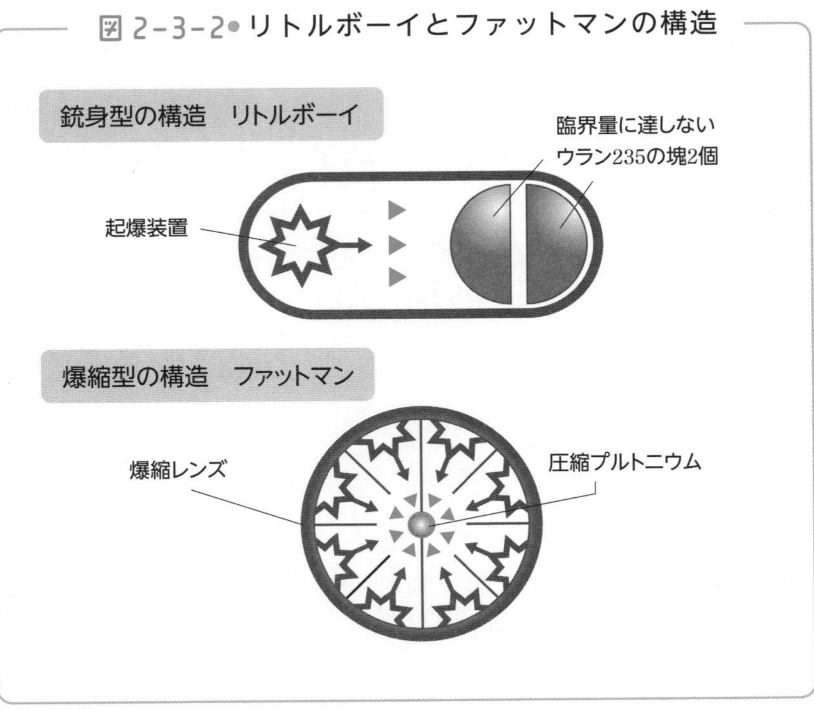

代の原子爆弾はすべてこの方式とされています。

この構造はかなり複雑です。数学の天才と呼ばれたフォン・ノイマンのグループでも計算に10カ月かかったと言われます。もっとも当時は電子計算機がなかったのですが。

④爆発力

爆弾には手榴弾のような小さなものから、1トン爆弾のように大きなものまで各種あります。

核爆弾の爆発力の大きさは、化学爆薬であるトリニトロトルエン(TNT)の爆発力に換算して表します。

実際に投下された原子爆弾で見ると、広島に投下された^{235}Uを用いたリトルボーイ型では、純粋^{235}U換算で約60kgを用い、そのうち実際に核分裂したのは1.09kgと言います。しかし、その爆発力は15kトン(キロトン)、つまりTNT火薬1万5000トン分だったとされます。

一方、長崎に投下されたファットマン型では、用いた^{239}Puは6.2kgであり、爆発力は21kトンだったと言います。このプルトニウム型のほうがずっと小型になっていることがわかります。

2-4 原子力エネルギーの利用：水素爆弾と宇宙

――人類がつくった最大の爆弾

前節で見たように、原子核反応の主なものに**核分裂**と**核融合**がありますが、核分裂反応を用いた爆弾が**原子爆弾**であり、これから見る「核融合」反応を用いた爆弾が**水素爆弾**です。原子爆弾と水素爆弾は、両者とも原子核反応を利用した「核爆弾」として同じ場で語られることが多いのですが、原理はまったく逆であり、発生するエネルギーも桁外れに違います。

核融合反応の本当に重要な点は、それが宇宙や恒星をつくり、同時に私たち生物やすべての物質をつくっている、原子をつくっているということです。つまり宇宙が存在し、物質が存在し、私たち生命体が存在するのは核融合のおかげなのです。

●水素爆弾の原理

水素爆弾はその名前の通り、水素原子を核融合させて、その核融合エネルギーを破壊に使おうという兵器です。

原子爆弾の爆発エネルギーは20kトン(TNT火薬換算で2万トン)程度ですが、核融合反応は、反応を起こす物質を追加すれば、いくらでも大きな爆弾をつくることができることがわかったのです。

これが水素爆弾の原理です。水素爆弾は実際につくられ、何回も爆発実験が行なわれました。

図 2-4 ●
水素爆弾の仕組み

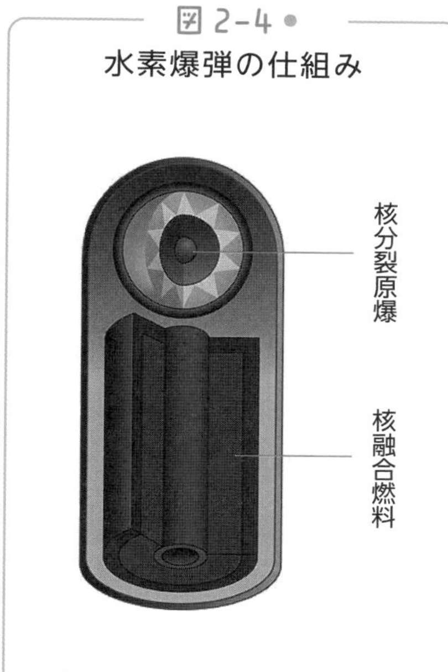

上部の核分裂原子爆弾を爆発させ、その高温高圧で下部の核融合燃料に核融合反応を起こさせる。

①初期の水素爆弾

水素爆弾の最初の実験は、アメリカによって1952年に行なわれました。この爆弾は冷却機によって液体にした水素を、原子爆弾の爆発熱で核融合するというものでした。そのため装置は大型化し、総重量が65トンになったと言います。

その出力は10.4メガトン(1040万トン：1メガトン＝100万トン)でしたから、原子爆弾とは比較にならない爆発力だったことになります。

その後、ソビエト連邦共和国(現ロシア)が水素とリチウム(Li)を反応させてつくった水素化リチウム(LiH)を用いる方法を開発しました。これによって、水素爆弾は一挙に小型化、簡略化され、飛行機で運搬可能な大きさになります。

②水素爆弾の実験

水素爆弾が開発された当時は、アメリカとソ連がしのぎを削る東西冷戦の時代でしたから、両国は大出力、小型化で競争を行ないました。

1954年、日本のマグロ漁船、**第五福竜丸**が被害にあい、無線長の久保山愛吉さん(当時40歳)が亡くなったビキニ環礁での水爆実験は、このような時期に行なわれたものでした。

結局、巨大化競争は1961年にソ連のつくった、**ツァーリ・ボンバ**(ツァーリはロシア語で皇帝の意味)で終止符を打ちました。爆発力は50メガトン(5000万トン)で、第二次世界大戦で世界中が使った火薬の総量の10倍になります。

爆発による衝撃波は地球を3周したと言います。この爆弾の重さは27トンもあったとされていますが、特別に改造した爆撃機で運び、シベリアの上空で爆発させたと言われますから、当時のソ連の指導部の執念が感じられます。

この爆弾は今も、人類がつくった最大の爆弾という「汚名」とともに語り継がれています。

1953年当時の第五福竜丸：1954年3月の水爆実験時、アメリカ軍の設定した危険水域外で操業していた。

ソ連のつくったツァーリ・ボンバ。
(出所：Croquant [modifications by Hex])

げんしりょくの窓

きれいな水爆と汚い水爆は何が違う?

水素爆弾には、「きれいな水爆」と「汚い水爆」があると言いますが、人を殺す爆弾にきれいとか汚いというのは、どういうことでしょうか?

人を殺し、社会を壊す爆弾にきれいも汚いもありません。すべてが最高に汚い最低の物体です。でも、水素爆弾のきれい、汚いは、放射性物質を出すか出さないか、で分けているのです。

水素爆弾は起爆剤に原子爆弾を用います。ところが原子爆弾は、高い放射能を持つ放射性物質を大量に飛散させ、環境を汚します。そのため、このような水素爆弾は一般に「汚い水爆」と呼ばれます。

それに対して、現在は原子爆弾で起爆するのではなく、レーザーで起爆するものなどが考えられています。これは放射性物質を出さないので「きれいな水爆」と呼ばれるのです。

破壊兵器に対してきれいとか汚いということ自体が、ブラックユーモアのようなものです。

1952年11月、アメリカがマーシャル諸島で行なった水爆実験のときのキノコ雲。

●太陽は核融合で輝いている

宇宙は、今から138億年前に起きた謎の大爆発「ビッグバン」によってできたと言います。この大爆発によって大量の水素原子が吹き飛ばされ、その水素原子の届いた範囲が宇宙の端っこ、つまり宇宙の範囲ということになります。

水素原子は今も飛び続けていますから、宇宙は膨張を続けていることになります。

①恒星の誕生

飛び散った水素原子は最初、霧のように漂いましたが、やがて濃淡が生じました。濃いところには重力(引力)が発生し、さらに多くの水素原子を引き付けて雲のようになりました。

そのうち原子同士の摩擦熱、衝突熱、断熱圧縮による発熱などで、雲は高圧、高温の塊となり、そのせいで中心では水素原子の核融合が起こりました。

この高温、高圧、および**核融合で生じる核融合エネルギーで熱く光り輝いているのが太陽**であり、夜空にまたたく無数の恒星なのです。

②原子の成長

恒星の中では、原子番号1の小さな水素原子が核融合して、少し大きな原子番号2のヘリウム(He)となりました。すべての水素原子が核融合してしまうと、今度はヘリウムが核融合して原子番号4のベリリウム(Be)となりました。

このように核融合が進展し、恒星の中には次々に大きな原子が誕生しました。しかし、こうした原子の成長にも限度があります。次章で見るように、**原子番号26の鉄(Fe)になると、それ以上核融合しても核融合エネルギーが生じない**のです。つまり、核融合で生じる大きな原子は鉄でおしまいなのです。

③超新星爆発

核融合エネルギーを失った恒星は、膨張するエネルギーを失って、自分の重力によって縮小を始めます。その勢いはものすごく、原子をつくっている外側の電子雲までが中央の原子核にめり込み、原子は中性子に変化し、恒星は死の星とも言うべき**中性子星**となってしまいます。

中性子星はやがてエネルギーのバランスを失って爆発(**超新星爆発**)しますが、このとき大量の中性子が降り注ぎ、鉄原子がこれを吸収して急成長します。鉄より大きい原子はこのようなメカニズムで発生します。

とにかく、地球およびそこに住む生命体を含めて、**宇宙のすべての物質を構成する原子は、このようにして恒星で誕生する**ものであり、そのエネルギー源は核融合反応なのです。

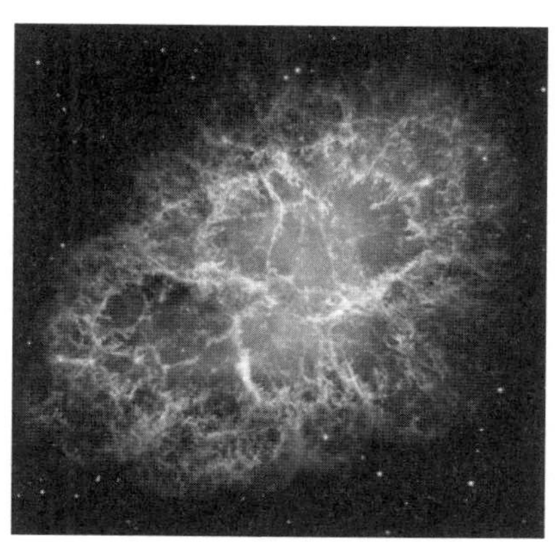

超新星残骸（超新星爆発の後に残る星雲状の天体）：おうし座かに星雲。

宇宙は核融合反応でできたと言ってもいいのではないでしょうか。

原子核反応を平和利用にどう活かすか

―― エネルギー・医療・食糧問題

ツァーリ・ボンバの実験から半世紀(60年)以上たち、ソビエト連邦共和国は姿を消し、東西冷戦は消えてなくなりました。もはや、核爆弾の威力を競い合う必要はなくなりました。

今、原子力および放射線は、平和利用を目指して研究が進んでいます。

●エネルギー問題にどう立ち向かうか

世界はようやく、原子力をその「破壊力で競い合う」のではなく、「平和的な利用で協力し合う」世界にたどりつきました。このような目で見ると、原子力は限りなく明るい未来を人類に示してくれるようにも見えます。先に見たように、人類はこれまで何万年も、ひょっとしたら何百万年もの間お世話になってきた「火のエネルギー」と決別しなければならないのです。

産業革命以来、全面的に頼ってきた「**化石燃料**」はあまりに頼りがいがあり、同時にあまりに問題がありすぎました。代わりにあらためて頼りにしようとする「**再生可能エネルギー**」は、今のところあまりに頼りがいがなさすぎます。

こうした中にあって、人類が頼りにできるエネルギーとして、どのようなエネルギーがあるでしょう？　もちろん「省力」というエネルギーもあります。省力をエネルギーの儚い節約と思ってはいけません。省力しなかったら、その分のエネルギーはどこかで生産しなければならないのです。**省エネはマイナスのエネルギー消費、つまりエネルギー生産**なのです。

そのような、諸々の節約エネルギーと生産エネルギーを考え合わせた場合、**人類が未来を託すに足るエネルギーは何なのか？**　ということをそろそろ真剣に考えなければならないときに来ているのではないでしょうか。

●医療面における原子核反応の利用

原子核反応というと原子力エネルギーを思い出しますが、原子核反応で出るものは、エネルギーだけではありません。放射線もあります。この放射線を利用した**放射線療法**も、原子核反応の利用の一形態です。

現在の医療面における原子核反応の利用は、もっぱら「**放射線**」の利用に限られています。**レントゲン写真は、高エネルギー電磁波のX線、γ線を利用した病気やケガの診断**に用いられています。

陽子線照射、重粒子線照射は、陽子や炭素といった小さい原子核をがん腫瘍などの標的に照射してそれを「殺そう」とする技術です。つまり、ライフル銃で狼を殺そうとするのと同じです。ライフル銃の命中精度が上がればがんは治り、命中精度が落ちれば健康細胞がやられて患者は苦しみます。

現在、放射線療法の命中精度は上がり、がんに対しては手術による外科療法、医薬品による内科療法と並んで重要な治療手段となり、単独で、あるいは他の療法と併用して利用されています。

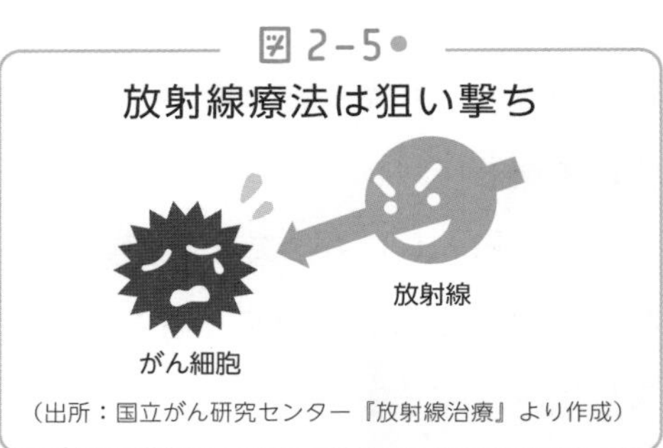

●放射線によるバイオ改良

放射線はDNAに障害を与え、生物に突然変異を起こさせます。これは悪く働くと恐ろしいことですが、うまく働けば、より人間の役に立つ新種の生物を誕生させることになります。人間が長年かけて培ってきた交配による品種改良と同じです。

後者の効果を狙って1965年に設立されたのが、茨城県常陸大宮市の放射線育種場共同利用施設です。これは円形の育種場の中央にγ線の放射線源を置き、それを取り囲むように任意の場所に植物、種子などを置いて、任意の一定期間放置して被曝させるものです。

施設に苗、種子などを送り、線源からの距離、放置期間を指定すれば、施設で管理した後、送り返してくれるシステムになっています。

設備は屋内と屋外の2カ所あり、全国の国立大学に所属する研究者が共同利用し、放射線を利用して植物を中心とした生物の突然変異の誘発や、放射線生物効果の研究を行なっています。

放射線育種場共同利用施設
(茨城県常陸大宮市)

第3章

原子力の話の前に原子と原子核を知っておこう

3-1 原子はどのような構造になっているのか

―― 原子核と電子

ここでは原子力の話の中でも、土台になるテーマ、つまり原子核の構造とその反応について見ていくことにしましょう。

先に述べたように、すべての物質は原子からできています。原子は電子でできた雲、**電子雲**と、その電子雲の中心にある**原子核**からできています。

原子核は小さくて重い、すなわち密度の高い粒子であり、その質量(重さ)は原子の質量の99.9%以上を占めます。原子核反応を知るためには原子核を知らなければならず、原子核を知るためには原子を知る必要があります。

●原子はどのような形?

原子はどのような形をしていると思いますか? サイコロのような形でしょうか? ビー玉のような形ですか? それともヒトデのような形ですか? まさかガンダムのような形をしていると思う人はいないでしょうが、原子の形は正確に言うとわからないのです。

というのは、「原子を見たことのある人は誰もいない」からです。なぜ誰もいないのか、といえば、「原子を見ることはできない」からです。でも、「現代文明が未発達なので見ることができない」という意味ではありません。

現代科学で微粒子の解明を支える量子論の前提とも言うべき大原則のために「原子を見ることはできない」ということになっているのです。今後、文化、技術がどれほど進歩しても、原子を直接観測することはできない、ということです。

ヴェルナー・ハイゼンベルク：量子力学の分野に大きな貢献をし、1932年にノーベル物理学賞を受賞。
（出所：ドイツ連邦公文書館）

この大原則を「**不確定性原理**」と言い、ドイツの理論物理学者のヴェルナー・ハイゼンベルクが発見しました。

この大原則のおかげで、私たちは原子の形を正確に知ることはできませんが、これまでの実験の結果によって、原子の形を推測することはできます。そこで前述のように、原子は電子でできた雲のような電子雲で囲まれた球状のものと考えられているのです。

●原子の形と大きさがわかってきた

先のような事情のため、原子がどのような形で、どのような構造をしたものなのかという原子モデルは、昔から各種のタイプが考えられてきました。しかし、それらのモデルはどれも不完全であり、実験事実を正確に説明することはできませんでした。

そのような試行錯誤の結果、量子論に基づく量子論モデルが誕生しました。このモデルを用いると原子のすべての性質、反応を細大漏らさず合理的に説明することができます。そのため現代では、このモデルが最も正しいものと考えられています。

それによれば、**原子は複数個の電子eからなる電子雲に囲まれた「球形の雲」**のようなものと考えられています。電子は電荷を持った粒子であり、電子1個の電荷は−1です。したがってz個の電子からなる電子雲の電荷は$-z$となります。電子の質量は無視できるほど小さいことがわかっています。

げんしりょくの窓

原子の形はわからない

不確定性原理とは量子論の基本的な原理であり、発見した人の名前、ヴェルナー・ハイゼンベルク(1901〜1976)から「ハイゼンベルクの不確定性原理」と言います。

それは、**「2つの量を同時に正確に決定することはできない」**というもので、2つの量というのは、原子を考える場合には「位置とエネルギー」と解釈されます。

私たちが原子を構成する粒子、例えば電子のことを考えるときには、「どういう状態の電子」というように、電子の状態を指定しています。それはつまり、「電子のエネルギー状態を決めて」考えているということになります。したがって、この原理は結局、「電子の位置を決定することはできない」と言っていることになります。

原子は電子に囲まれているので、電子雲の形が原子の形ということになります。その電子の位置が決定できないということは、すなわち、「原子の形を正確に決定することはできない」ということになります。つまり、原子の形は原理的に「わからない」のです。

その電子雲の中心に1個の原子核が存在しますが、電荷は$+z$であり、電子雲の電荷と相殺するので、原子は全体として電気的に中性になります。

原子の直径は、概ね10^{-10}m（1Å＝オングストローム）のオーダー（スケール）であり、原子核の直径は10^{-14}mのオーダー、つまり原子の直径の1万分の1です。

図3-1-1●原子の理論モデル

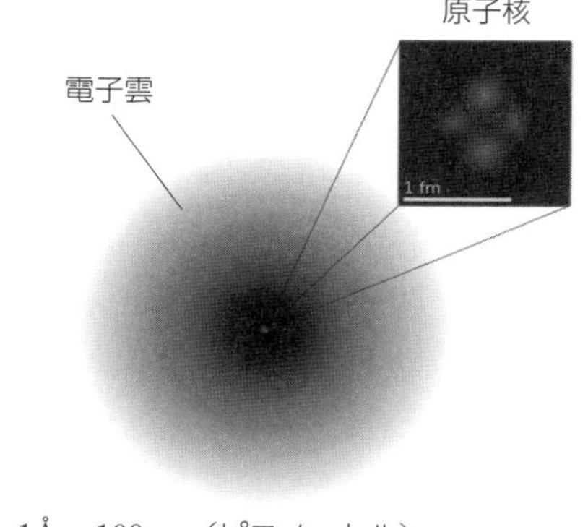

1Å = 100pm（ピコメートル）

原子核は電子雲に囲まれている。
1 pm＝10^{-12}m
1 f m＝10^{-15}m（fm：フェムトメートル）

（出所：Yzmo）

東京ドームを2つ貼り合わせた“巨大ドラ焼き”を原子とすると、原子核はピッチャーマウンドに転がるビー玉のような大きさということになります。原子核がいかに小さいものであるかということに注意してください。

●明らかになった原子構造

原子は電子雲とその中心の原子核からなる、と言いましたが、このような**原子構造**が明らかになったのは20世紀に入ってからで、1913年以降のことです。

その10年前の1904年には第1章でも紹介した**ブドウパンモデル**が提出され、そこではプラスに荷電したパン生地(現在の原子核に相当)の中に、マイナスに荷電した干しブドウ(電子)が散らばっているようなものと考えられていました。

このわずか10年の間、原子構造論は大いに進化したことがわかります。

図 3-1-2 ● ブドウパンモデル

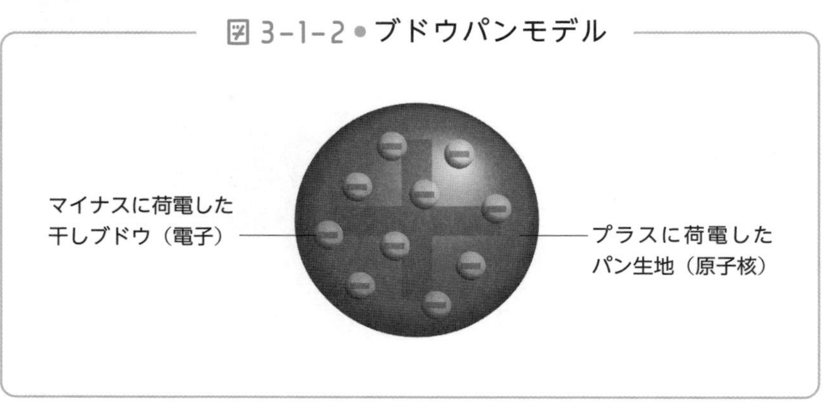

①電子殻

現代科学で原子構造という場合には、電子の所在と電子雲の形を言うことになります。

それによると、電子は原子核の周りに球殻状に何層にも重なって

図 3-1-3 ● 電子殻の構造

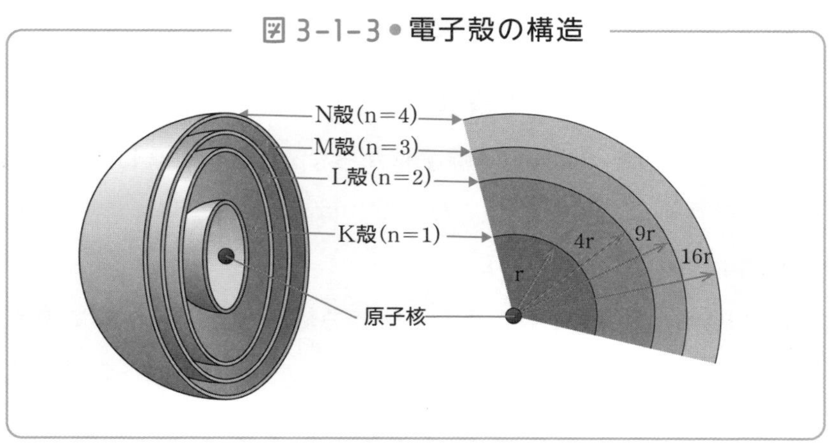

存在する**電子殻**（でんしかく）に入っているとされます。

各電子殻には**量子数**という正の整数nがつけられ、電子殻の直径r（n^2に比例）、エネルギーE（絶対値がn^2に反比例）、収容可能な電子数N（$2n^2$個）などが量子数によって決められています。

②電子軌道

これらの電子は原子が反応する、あるいは各種測定も含めて外部と相互作用するときには、電子殻から**電子軌道**に移動します。

その軌道にはs軌道、p軌道、d軌道など、目で見て楽しくなるような形のものが揃っています。

興味のある人は量子化学の本を開いてみてください。

げんしりょくの窓

電子殻は電子が入る部屋ではない

電子は電子殻に入ると言いましたが、このように言うとよく問い直されるのが、「それは原子核の周りに電子殻という部屋が用意されているということか？　それならば、電子殻に入る電子がないときには、原子核の周りには電子殻という空き部屋が存在するということか？」ということです。

これは、そのように説明するのが最もわかりやすいので、どの教科書でもそう説明しているのですが、実はそうではありません。電子殻というのは部屋ではなく、電子のエネルギー状態なのです。

例として、モデルさんの写真撮影会を考えてみましょう。この場合のモデルさんは原子核です。そして撮影者は電子で、撮影会の入場料がエネルギーEです。

モデルさんに最も近いところで撮影できるK券が最も高額です。K券を購入した撮影者(電子)は、モデルさん(原子核)のすぐ近くを好きなように動いて撮影することができます。L券、M券となるにつれて入場料は安くなりますが、モデルさんからは遠くなります。

別に部屋が用意してあるわけではありません。ですから、電子がいなくなったら原子核の周りには何もなくなります。

3-2 原子核はどのような構造になっているのか

―― 殻モデルとαクラスターモデル

原子の構造や反応にはたくさんの面白い話がありますが、本書は原子力の本であり原子の本ではないので、電子や軌道の話はこれくらいにして、原子核の話に入ります。

●原子核をつくるもの

原子核は、**核子**と言われる2種類の粒子、**陽子**(proton = p)と**中性子**(neutron = n)からできています。両粒子の質量はほぼ同じですが、陽子は＋1の電荷を持つのに対して、中性子は電荷を持ちません。

原子核を構成する陽子の個数を、その原子の**原子番号**(Z)と言い、また陽子と中性子の個数の和を**質量数**(A)と言って、それぞれを元素記号の左下と左上に添え字で表す規則になっています。

原子番号が同じで質量数の異なる原子を、互いに**同位体**と言います。また、原子番号が同じ原子の集団を**元素**と言います。元素記号によって元素名がわかれば、周期表(1-3節コラム)から原子番号は自動的にわかります。

しかし、元素には何種類もの同位体がありますから、どの原子(核

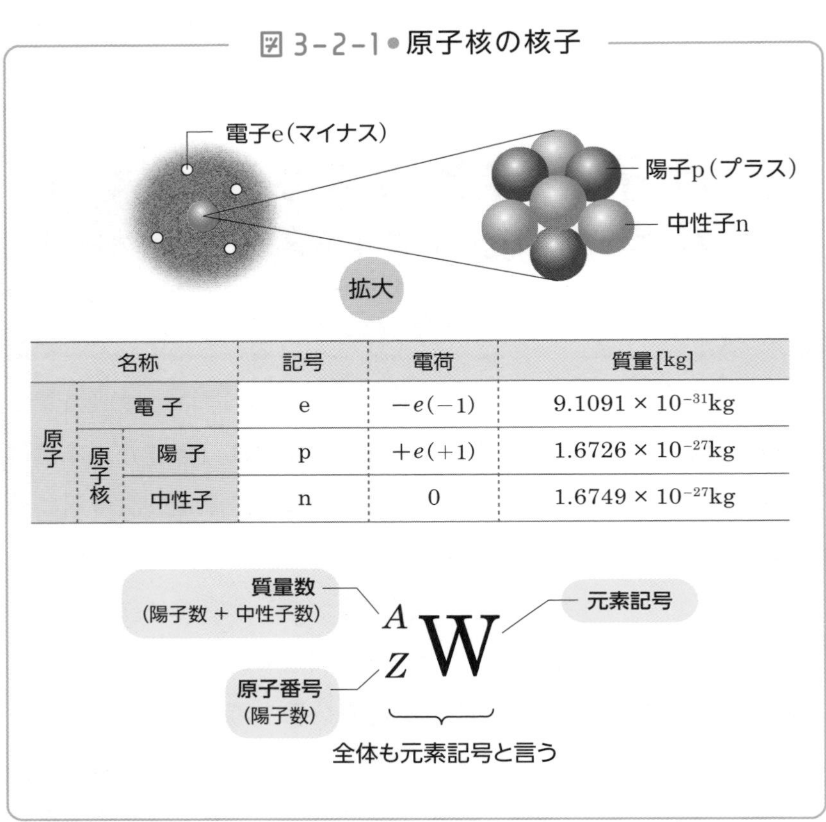

名称			記号	電荷	質量[kg]
原子	電子		e	$-e(-1)$	9.1091×10^{-31}kg
	原子核	陽子	p	$+e(+1)$	1.6726×10^{-27}kg
		中性子	n	0	1.6749×10^{-27}kg

$${}^{A}_{Z}\mathrm{W}$$

種)なのか、つまりどの同位体かということは質量数がわからなければわかりません。そこで多くの場合、原子の種類(核種)を指定する際には、**元素記号**に質量数だけを添えて指定します。

すべての元素は複数種の同位体を持ちますが、同位体の割合(同位体存在度)は元素によって大きく異なります。図 3-2-2 の表にいくつかの元素の同位体を示しました。

水素(H)には 3 種の同位体がありますが、それは地球においてのことで、全宇宙には 7 ～ 11種の同位体があると言われます。同位体、質量数は原子核反応において非常に重要な役割を演じます。

図 3-2-2 ● 水素の同位体

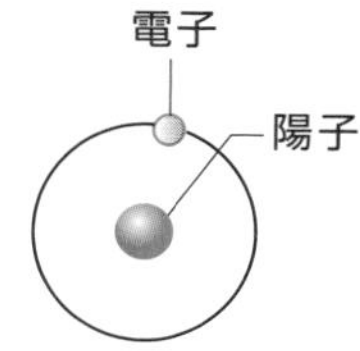

(軽)水素 ^{1}H(H)

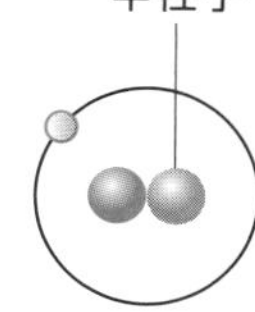

重水素 ^{2}H(D)

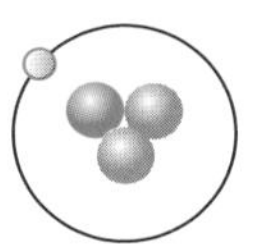

三重水素 ^{3}H(T)

元素名	水素			炭素		酸素		塩素		ウラン	
記号	^{1}H (H)	^{2}H (D)	^{3}H (T)	^{12}C	^{13}C	^{16}O	^{18}O	^{35}Cl	^{37}Cl	^{235}U	^{238}U
陽子数	1	1	1	6	6	8	8	17	17	92	92
中性子数	0	1	2	6	7	8	10	18	20	143	146
存在度 [%]	99.98	0.015		98.89	1.11	99.76	0.20	75.53	24.47	0.72	99.28
原子量	1.008			12.01		16.00		35.45		238.0	

●原子核の構造が徐々に明らかになってきた

原子核は核子が集まったものですが、核子は固まってじっとしているわけではありません。核子同士が力を及ぼし合いながらも自由に運動する、つまりガスや液体のような状態と考えられています。

原子核の構造はいまだ不明ですが、半世紀ほど前は陽子と中性子が混じりあった液滴モデルが提出されていました。先に見た原子のブドウパンモデルのようなものです。

現在では原子核反応を通じて原子核の性質、反応性が明らかになり、それを説明するために 2 つのモデル、つまり殻モデルと α クラスターモデルが提出されています。

①殻モデル

殻モデルは、原子核の中心にある陽子と中性子の塊の周りを、陽子や中性子などの核子が回っているとするモデルです。

原子核の研究では、殻モデルがよく使われます。殻モデルは、核子が原子核の中を比較的自由に運動しつつ、同時に「殻」のような構造を持つとするモデルです。

ヘリウムなどの質量数の小さな軽い原子核からウランのような質量数の大きい原子核まで広範囲に適用でき、原子核の構造や運動を理解する上で標準的なモデルです。

殻モデルは、安定な基底状態や多くの励起状態を説明するのに成功したモデルですが、弱点もありました。それは、特に軽い原子核のいくつかの励起状態に関しては、殻モデルではどうしても説明がつかないことがあるのです。

②αクラスターモデル

αクラスターモデルは、陽子2個、中性子2個からなる粒子、つまりヘリウム^{4}Heの原子核であり、後に見る放射線の一種である「α粒子」を基本的な構成単位とするモデルです。

αクラスターモデルを使うと、殻モデルで説明できない多くの実験結果を矛盾なく説明できることがしばしばあります。

軽い原子核では、α粒子が大きな役割を果たしています。αクラスターモデルでは、α粒子を基本的な構成単位として、軽い原子核の構造や運動を考えます。このモデルによれば、ベリリウム(^{8}Be)原子核はα粒子2つから構成され、炭素(^{12}C)原子核はα粒子3つからなると考えられます。

図 3-2-3 ● 殻モデルとαクラスターモデル

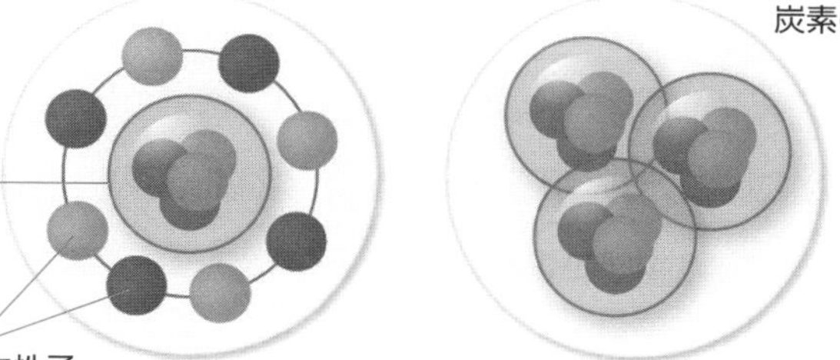

（出所：計算基礎科学連携拠点『αクラスター模型で原子核の構造を明らかに』より作成）

●原子核の安定性とエネルギー

原子核には、高エネルギーで不安定なためすぐに壊れて他の原子核に変化してしまうものと、反対に低エネルギーで安定なものがあります。

次ページの図 3-2-4 は原子核のエネルギーと質量数の関係を表したものです。質量数の大きい原子核も小さい原子核も高エネルギーで不安定であり、安定なのは質量数60近辺、すなわち鉄の同位体です。

大きい原子核が壊れて小さくなると、余分なエネルギーが放出されます。この反応が核分裂反応であり、放出されるエネルギーである**核分裂エネルギーは、原子爆弾や現行の原子炉、原子力発電**に利用されています。

反対に**小さい原子核が２個合体して大きい原子核になる反応が核融合反応**であり、その際に発生するエネルギーが**核融合エネルギー**です。核融合は太陽をはじめとする恒星の内部で進行中の反応

図 3-2-4 ● 原子核のエネルギーと質量数の関係

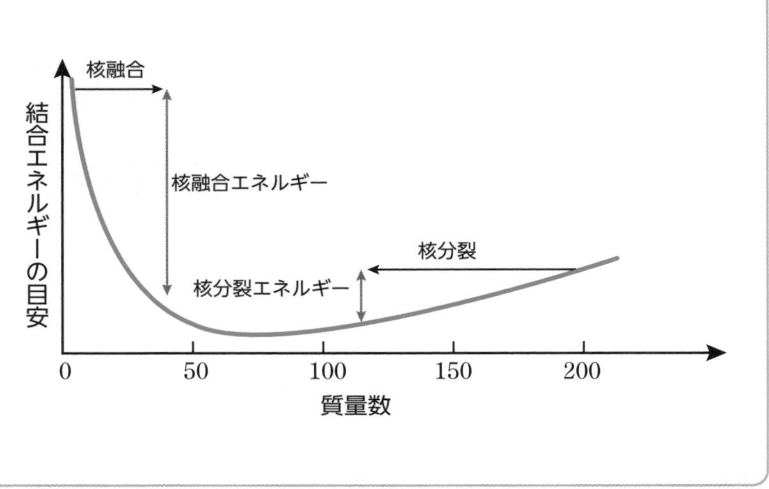

であり、原子はこの反応によって小さい水素原子から大きい鉄原子にまで成長します。

核融合エネルギーは太陽などの恒星を輝かせるエネルギーであり、人間はそれを水素爆弾として利用しました。現在はその平和利用として**核融合炉を用いた核融合発電の研究**が行なわれていますが、実用化はまだ先の話のようです。

3-3 ビッグバンから始まり核融合で宇宙はできた

―― 星の誕生

原子力は原子核がその反応によって生み出すエネルギーです。しかし、原子核の反応を眺めてみると、その反応の意義は単にエネルギーを生み出す、などという単純なものではないことがわかります。

先に見たように、宇宙はビッグバンによって生み出されました。もう一度、宇宙の生成をおさらいしてみましょう。

私たちの知っている宇宙は、ビッグバンの後、いろいろな変化と紆余曲折をへて形づくられてきました。そこで重要な役割を演じたのが、原子核反応と、その舞台となった恒星の働きです。

●ビッグバンのその後

宇宙は138億年前に起こったビッグバンによってできたと言われます。この爆発で無数個の水素原子と少量のヘリウム原子が飛び散りました。このとき飛び散った原子核は今も宇宙を飛んでおり、そのため宇宙は現在も膨張を続けていると言われます。

飛び散った水素原子は、最初、霧のように漂っていましたが、やがて集まって雲のようになりました。すると重力が発生して、さらに多くの原子が集まります。そのうち、原子同士の摩擦熱や断熱圧縮による発熱で雲の内部は高温高圧となりました。

こうして起こったのが水素原子の核融合反応です。2個の水素原子が融合してヘリウム(He)になる反応によって莫大な**核融合エネルギー**が発生し、雲は熱く輝く恒星となりました。

やがて水素がすべて核融合すると、次にはヘリウムの核融合が発生するというように、恒星の中の原子は次々と大きい原子に成長していきました。まさしく恒星は原子のゆりかごなのです。

●中性子星から超新星爆発へ

しかし、それも鉄原子(Fe)までです。前出の図3−2−4からわかるように、鉄より大きい原子になると、その先いくら核融合してもエネルギーは発生しません。エネルギーを失った恒星に待っているのは自分の重力による収縮です。

この収縮は凄まじいものです。原子の周囲の電子雲は原子核の中に押し込まれます。すると陽子は電子と反応して中性子となります。これが**中性子星**です。

直径1万3000kmの地球がもし中性子星になったとしたら、その直径はわずか1.3kmになってしまいます。

こうなった中性子星はエネルギーバランスを崩して爆発します。これが**超新星爆発**です。この爆発によって飛散した中性子が鉄原子に降り注ぎます。こうして鉄原子は中性子を吸収して高速で大きな原子に成長しました。鉄原子より大きい原子は、こうしてできたと言われています。

この原子が私たちの体をつくっているのですから、私たちは「星屑」からできているのです。ロマンチックな話ではないですか。

3-4 原子核分裂はどのような条件で起こるのか

―― 連鎖反応・臨界量

原子核分裂は特殊な反応です。この反応は条件が整えば自然に、ひとりでに起き、勝手に規模が大きくなり、とんでもない大爆発になってしまうのです。

●連鎖反応が原子爆弾の原理

核分裂反応は、大きくて不安定な原子核である放射性原子核に中性子が衝突することによって起こります。核分裂が起こると核分裂生成物と呼ばれる何個かの原子核の破片と、核分裂エネルギーが発生しますが、忘れてならないのは同時に何個か(簡単にするために2個としましょう)の中性子が発生するということです。

この2個の中性子が2個の原子核に衝突すると、各々の原子核が分裂し、それぞれの反応から2個ずつ、合計4個の中性子が発生します。次には8個、次には16個と反応は世代(n)を重ねるごとに2^n倍だけ増大し、ついには膨大な核分裂エネルギーを発生して大爆発になります。もし1回の核分裂で発生する中性子が3個なら3^nとなり、4個なら4^nとなります。これが原子爆弾の原理です。

図 3-4-1●枝分かれ連鎖反応

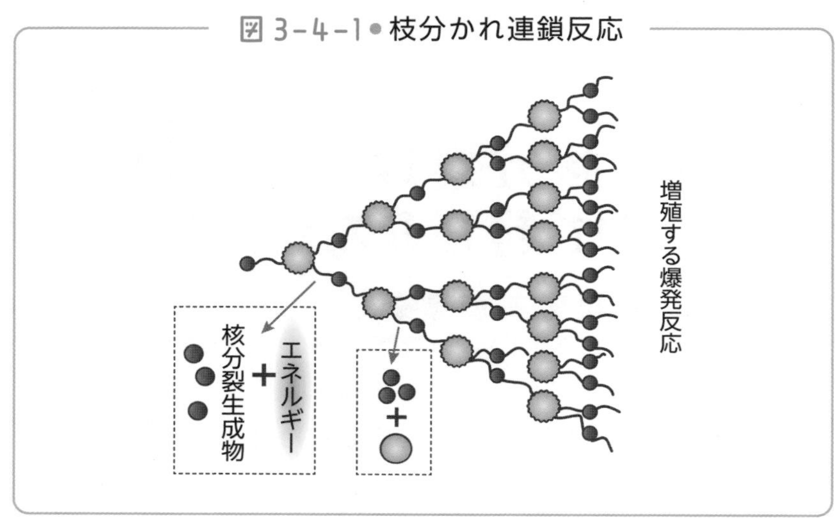

このように、ネズミ算式に増大する反応を一般に「**枝分かれ連鎖反応**」と言います。核分裂反応は典型的な枝分かれ連鎖反応です。

●臨界量とは枝分かれ連鎖反応を起こす最小量

放射性元素は自発反応によって常に中性子を放出しています。この中性子が原子核に衝突したら、枝分かれ連鎖反応になって、爆発！　となります。

そうなったら自然界はどこに行っても爆発跡でアバタだらけ、ということになってしまいます。しかし、現実にはそのようになっていないのは、自然界には放射性元素の大きい塊がないからなのです。

①原子数と衝突確率

先に見たように、原子核と原子の大きさの比は 1：1 万です。ビー玉と東京ドームの関係です。ウラン金属の塊は、この東京ドームを

2つ貼り合わせたような巨大球の集合体なのです。

この巨大球の中にビー玉が飛び込んできて、その球の中心に釣り下がったビー玉に衝突する確率を考えてみてください。限りなく小さいことがわかるでしょう。

では、衝突しなかったビー玉はどうなるか？　隣の球(原子)に飛び込みます。ここでも衝突しなかったら、また隣の球に飛び込みます。このようにして次々と球の中に飛び込みます。それでも衝突しなかったら、最後には球の塊を飛び出してどこかへ消えてしまいます。つまり爆発は起きません。

これが普通の状態です。しかし、ウラン金属の塊がものすごく大きくて、球が限りなく連続していたらどうなるでしょう？　ビー玉がどこかの球の中のビー玉に衝突する確率は有限回に増大します。このときの球の塊の大きさを**臨界量**と言います。

②臨界量の実際

放射性元素の大きな塊をつくると、中性子がいつかは原子核に衝突して枝分かれ連鎖反応を起こします。この**枝分かれ連鎖反応を起こす最小の量が臨界量**です。

臨界量は放射性元素によって異なります。ウラン235（^{235}U)の臨界量は金属で22.8kgですが、プルトニウム239（^{239}Pu)は5.6kgとずっと小さいのです。

これは原子爆弾にする場合、プルトニウムのほうが小型で扱いやすい爆弾をつくることができることを意味します。そのため、現代の原子爆弾にはもっぱらプルトニウムが使われています。

また、第5章で減速材について述べる際に説明しますが、水(冷

図 3-4-2 ● ウランが大きい塊になると……

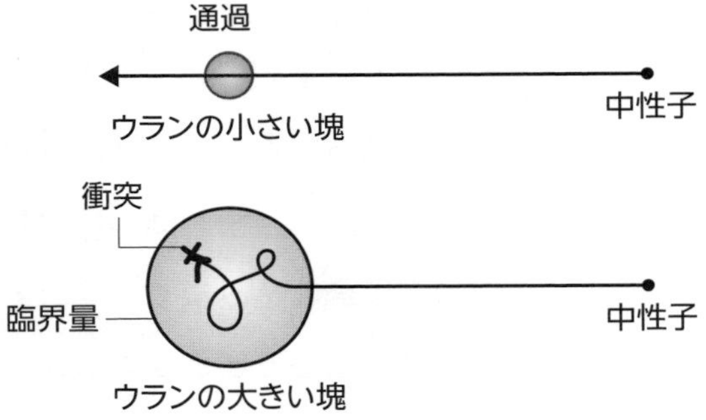

却材兼減速材)があると中性子の反応性は上がります。そのため、ウランやプルトニウムは金属状態より、化合物にして溶液状態にしたほうが臨界量は小さくなります。

溶液状態における臨界量は、^{235}Uの820gに対し、^{239}Puは510gとなります。

原子核崩壊反応によって放射線が放出される

―― 放射能と放射線

原子核の反応として、核融合反応と核分裂反応を見てきました。原子核反応にはもうひとつ、**原子核崩壊**という反応があります。

●原子核崩壊によって放出される「放射線」

放射性元素は、自発的に**放射線**という原子核の小さいカケラやエネルギーを放出して、より小さく、より安定な原子核に変化していきます。この反応を原子核崩壊と呼び、放出されるものを一般に放射線と言います。放射線には**α線**、**β線**、**γ線**、**中性子線**などがあります。

このような放射線を放出する物質を**放射性物質**、原子を**放射性原子**、同位体を**放射性同位体**と言い、放射性同位体を含む元素を**放射性元素**と言います。水素を含めて、ほとんどすべての元素は放射性同位体を含みますから、放射性元素というカテゴリーは無用かもしれません。

放射性物質の持つ「放射線を放出する能力」、あるいは「性質」のことを「**放射能**」と言います。放射線は物質やエネルギーであり、生物に衝突すれば生物に致命的な被害を与えることがありますが、放射能は「能力・性質」ですから、害を与えるような「モノ」ではありません。

この関係は野球に喩えるとわかりやすいでしょう。「放射性物質」はピッチャーです。ピッチャーが投げたボールが「放射線」です。ピッチャーのピッチャーとしての素質、能力が「放射能」です。当たって痛いのはデッドボールであり、「ピッチャーの能力」が人に当たってケガをさせるなどということはあり得ません。

図 3-5-1●放射能と放射線の違い

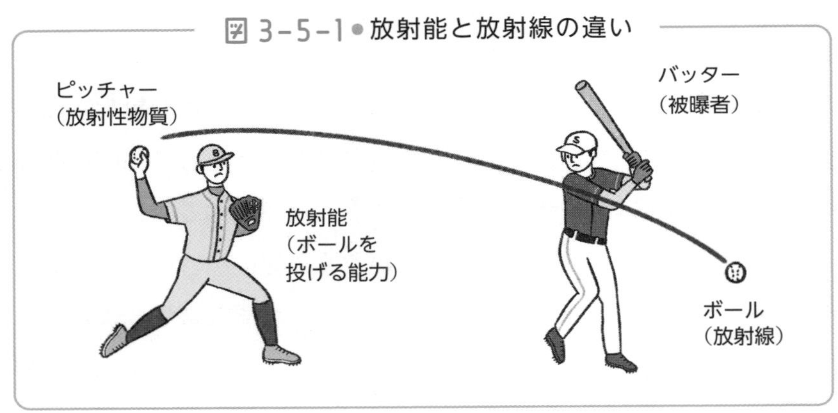

●半減期は常に一定の時間

原子核反応には、速く進行するものも、遅くユックリと進行するものもあります。反応の速さを測定するには、**半減期**を用いると便利で正確です。半減期とは次のようなものです。

反応A→Bが進行すれば、図 3-5-2 ①に示した通り、出発物質Aは時間とともに減り、生成物Bは時間とともに増加します。このとき、**Aの量(濃度)が最初の量(初濃度)の半分になるのに要する時間を半減期**と言います。

半減期は反応の種類によって変わりますが、反応A→Bのように、Aがどこからの影響も受けず、自分で勝手に変化していく一次反応の場合には、図 3−5−2 ②のようになります。つまり、半減期tは常に一定の時間なのです。原子核崩壊反応は、正しくこのような反応の典型です。

最初のtで半分なくなり、次のtで残りの半分がなくなるのではなく、常に半分になります。つまり反応がt時間たつと$\frac{1}{2}$になり、2t時間たつと$\left(\frac{1}{2}\right)^2=\frac{1}{4}$になるというように、時間がtの$n$倍になるにつれて$\left(\frac{1}{2}\right)^n$で変化します。

放射性同位体の半減期は核種によって千差万別で、短い場合には、人工元素のように1秒の数千分の1というものから、長い場合には宇宙年齢の138億年より長いものもあります。

このようなものの中には、崩壊しない安定同位体と思われたものが、精密測定の結果、実は非常に長い半減期で崩壊していることがわかったというような例もあります。

図 3−5−2 ● 半減期とは？

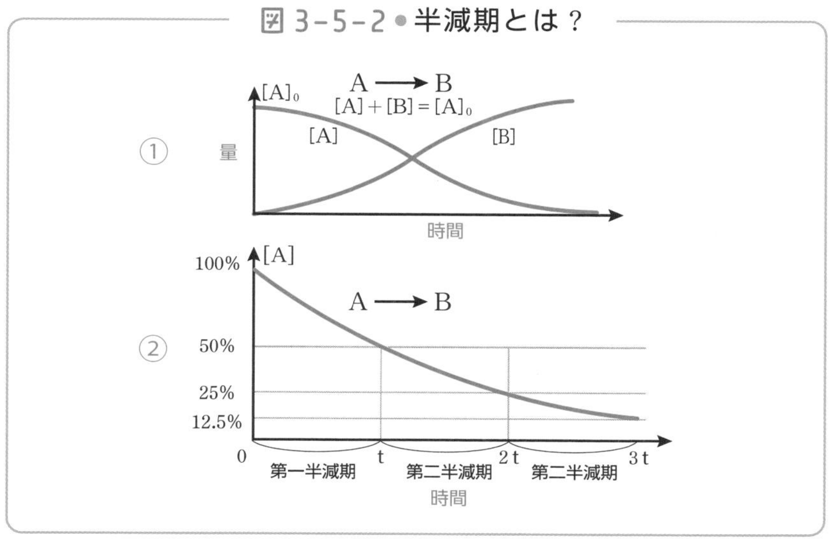

げんしりょくの窓

年代測定に使われる半減期

半減期を利用した技術に「年代測定」があります。例えば、非常に古い木彫作品の制作年代を推定するといった技術です。

これには炭素同位体の^{14}Cを用います。これは半減期5730年で^{14}Nに変化します。植物は生きているときには光合成で空気中の二酸化炭素(CO_2)を吸収するので、植物体の^{14}C濃度は空気中の濃度と同じです。

しかし植物が切り倒されると光合成は中止されます。新しい^{14}Cは入ってきません。それまでに木材の中に入っていた^{14}Cは半減期5730年で^{14}Nに変化して、減り続けていきます。一方、空気中では宇宙線や地下の原子核崩壊などで新しい^{14}Cが供給され続けるので、その濃度は一定です。

したがって、もし木彫作品の^{14}C濃度が空気中濃度の半分だったら、その木材は切り倒されてから5730年たっているので、木彫作品はそれより古いものではあり得ない、ということになります。

木彫作品の制作年代がわかる

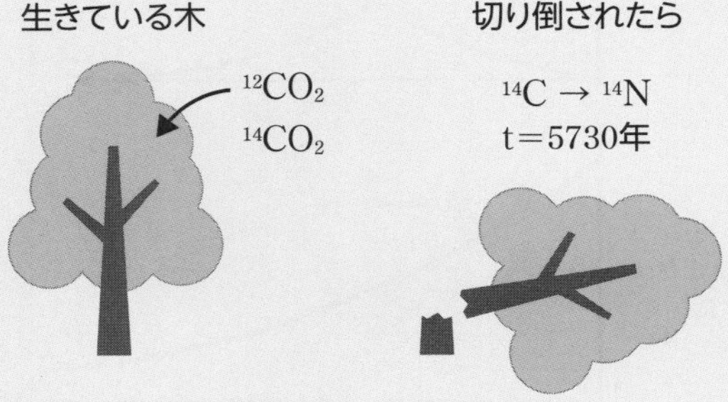

第4章

放射線について知っておきたいこと

放射線と放射能は違うモノだと知っておこう

―― 放射線の種類と強度

新聞やテレビでご存じの通り、原子爆弾の話にはもちろん、原子炉の事故、放射線汚染食品など、原子核が関係したニュースにいつも出てくるのが「**放射線**」と「**放射能**」です。前に少し説明しましたが、この 2 つは似たような言葉であることから混同されがちですが、まったく異なった概念です。では、その違いはどこにあるのでしょうか？

●核分裂で生まれる放射線の種類

原子核が分裂反応を行なうと、原子核の大きめの破片と、小さな破片、および高エネルギー電磁波が発生します。これらはまとめて**核分裂生成物**と呼ばれますが、そのうち、小さめの破片と電磁波を特に放射線と呼びます。

核分裂反応に限らず、すべての原子核反応で放射線は出てくるものと考えていいでしょう。一般に放射線は、生物の命を奪うことがあるほど危険なものです。

放射線には多くの種類がありますが、主なものとして**α線**、**β線**、**γ線**、**中性子線**などがあります。それぞれを簡単に見てみましょう。

① α（アルファ）線

ヘリウム原子（^{4}He）の原子核、つまり2個の陽子と2個の中性子、合わせて4個の核子の塊が高速で飛んでいるものをα線と言います。ここで言う高速とは、新幹線の何倍（時速数百km、秒速何十m）というようなものではなく、光速の何分の1（秒速何万、何十万km）という超高速です。

② β（ベータ）線

電子e^-が光速に近い高速で飛んでいるものです。

③ γ（ガンマ）線

α線やβ線と違って粒子ではありません。γ線は波長が短く高エネルギーの電磁波です。レントゲン写真で使うX線（4−5節参照）や、宇宙線に含まれる高エネルギー電磁波、あるいは紫外線と同じものですが、原子核反応でできるものを特別にγ線と呼んでいます。

④中性子線

中性子が高速で飛んでいるものです。中性子は電荷も磁性も持っていないので、生体の中にほぼ無抵抗で入ってくるため非常に危険です。

⑤重粒子線

炭素をはじめ、小さい原子核を線形加速器などで高速に加速したものです。主に人工でつくり、医療などに用います。

図 4-1-1●放射線のいろいろ

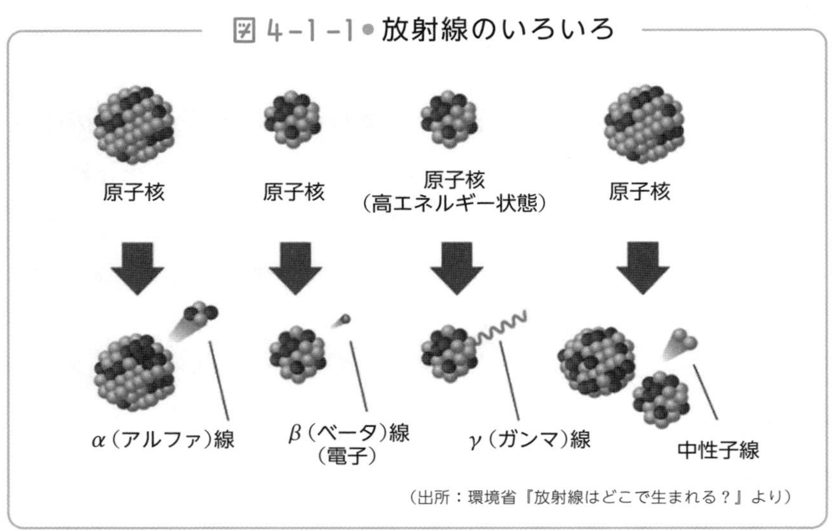

（出所：環境省『放射線はどこで生まれる？』より）

●放射線の強度を示す指標

放射性物質は放射線を放出しますが、放出される放射線の量やエネルギー（一般に言う放射能の強さ）は、放射性物質の種類や量によって変わります。

ひと口に放射線の量と言っても、見方によっていろいろあります。放射性粒子の個数もあれば、放射線のエネルギーもあります。また人体に与える被害の多少もあるでしょう。

ということで、放射線の強度を表すために 3 種類の指標が用意されています。

①放射線量：ベクレル（Bq）

1 秒間に何個の粒子が放出されるかを表した数値です。1 秒間に 1 個の粒子が放出されるときを 1 ベクレルと言います。したがって放射線の種類やエネルギーはこの数値には関係しません。

1モルの原子数は 6×10^{23}（6000垓（がい）：1垓＝10^{20}）個ですから、この数値は非常に大きくなることがあります。

②吸収線量：グレイ（Gy）

生体に吸収された放射線のエネルギー量を表す数値です。1J（ジュール）/kgのエネルギーが吸収されたときを1グレイと言います。したがって、これも放射線そのものの種類には関係しません。

③線量当量：シーベルト（Sv）

同じエネルギーの放射線でも、放射線の種類によって人体に大きなダメージを与えるものと、それほどではないものがあります。例えば、α線とβ線を比べると、大型の粒子であるα線のほうが20倍も有害です。この有害性の程度を**線質係数**と言います。主なものを表に示しました。

図4-1-2●放射線の有害の程度を表す線質係数

放射線	α線	β線	γ線	中性子線	陽子線
線質係数	20	1	1	10	5～20

したがって人体に対するダメージを測るためには、吸収線量（グレイ）に線質係数を掛ける必要があります。このようにして求められた数値が**線量当量**と言われるもので、**放射線の生体に対する害を直接的に表す数値**としてよく用いられます。

単位はシーベルトです。なお、シーベルトでは単位として大きすぎるので、実際にはその1000分の1のミリシーベルト(mSv)、あるいは、さらにその1000分の1のマイクロシーベルト(μSv)が用いられます。

図4-1-3●放射線の3つの指標

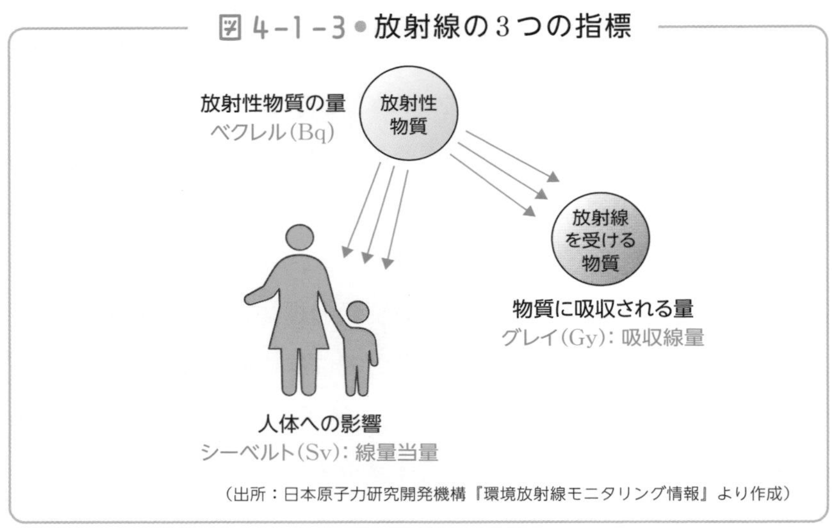

(出所:日本原子力研究開発機構『環境放射線モニタリング情報』より作成)

●放射線をどのくらい浴びたら人体に影響が出るか

原子炉関係の事故は起こっていなくても、地球内部の原子核崩壊や宇宙線によって、私たちは毎日のように放射線にさらされています。ただしそれは微々たる量です。

しかし、もし被曝量が増えたら、私たちにどのような影響が出るのでしょうか。

人体に対する放射線の有害性を、実験によって確かめるなどということはできるはずがありません。たまたま起こった事故の調査結果だとか、動物実験の結果などを基にして推定することになります。

ですから図 4－1－4 の数値はおよそのもので、出典によって数値は動きます。

①安全限界

被曝量が100ミリシーベルト以下の場合には、健康への影響はほとんど見られないとされています。これは線量当量が 1 ミリシーベルト／時間の放射線が照射されるところなら100時間、すなわち約 4 日間生活したとしても、医学的な影響は出てこないということです。

②被害発生

被曝量が150ミリシーベルトに達すると、むかつきを感じ始めます。そして1000ミリシーベルト、すなわち 1 シーベルトに達すると、健康被害が出てきます。

図 4－1－4 ● 症状として現れる被曝量

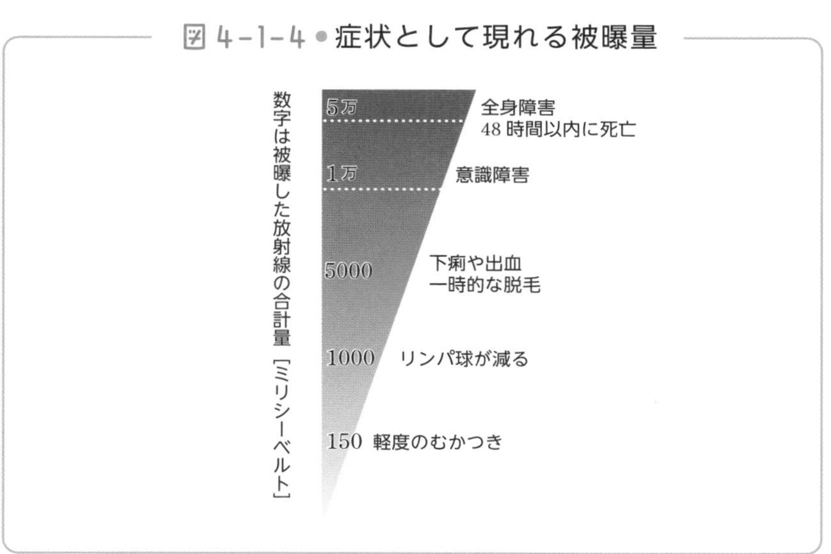

つまり、血液中のリンパ球が減少し始めます。リンパ球は免疫機構の中心になって働く細胞ですから、リンパ球が減少すると免疫力が落ちます。すなわち体の抵抗力が落ちて、軽度の感染症でも症状が重くなり、命に関わる可能性があります。

③甚大な被害

5000ミリシーベルト、すなわち5シーベルトになると、直接の症状、すなわち下痢や出血、あるいは一時的な脱毛症状が出ます。こうなるとかなり重症です。

さらに増えて10シーベルトになると、意識障害が出ます。50シーベルトになると、全身障害が出て48時間以内に死亡すると言われています。

●どうすれば放射線から身を護れるか

危険な放射線から身を護る手段を**遮蔽**(しゃへい)と言います。放射線の種類によって、簡単に遮蔽できるものと、遮蔽が困難なものがあります。

①α線

α線の粒子は放射線の中で最も大きく重いものです。ですからα線を受けたら体の被害は大きくなります。しかし一方、α線は大きくて重く、その上電荷を持っていますから体内に飛び込む能力は高くありません。

α線を防ぐのは簡単です。エネルギーにもよりますが、アルミ箔、あるいは**皮膚でも防ぐことができる**と言われます。ただし線源が体内に入って内部被曝になったら大変です。内臓の中でα線が照射されるのですから防ぐ手立てはありません。

2006年に亡命ロシア人がロンドンの鮨バーで、α線源のポロニウム(Po)が入った鮨を食べさせられて亡くなったのは、ポロニウムから放射されたα線による内部被曝によるものと言われています。

②β線

物質を透過する力は弱いので、厚さ数mmのアルミ板や厚さ1cmほどのプラスチック板で遮蔽できると言われます。しかし、β線が物質に当たる(衝突する)とX線(γ線)を放出するので、X線に対する防御も必要になります。

③γ線

γ線は電磁波で、紫外線やX線と同じものですが、それよりはるかに高エネルギーなことが多く、大変に危険です。

電磁波ですから透過力が強く、**コンクリート、鉄板、鉛板などで本格的に防御する**必要があります。鉛が最も有効ですが、それでも10cm程度の厚さが必要と言われていますから、一般人が遮蔽することは困難です。頑丈なコンクリート建築物や地下鉄の構内などに避難する必要があります。

④中性子線

中性子は非常に危険です。電荷を持っていないので、すべての物質中をスルスルと素通りできます。そのため、中性子線を遮蔽するのは非常に困難で、すべての放射線の中で最も厄介なものと考えられています。

図 4-1-5 ● 放射線の透過力

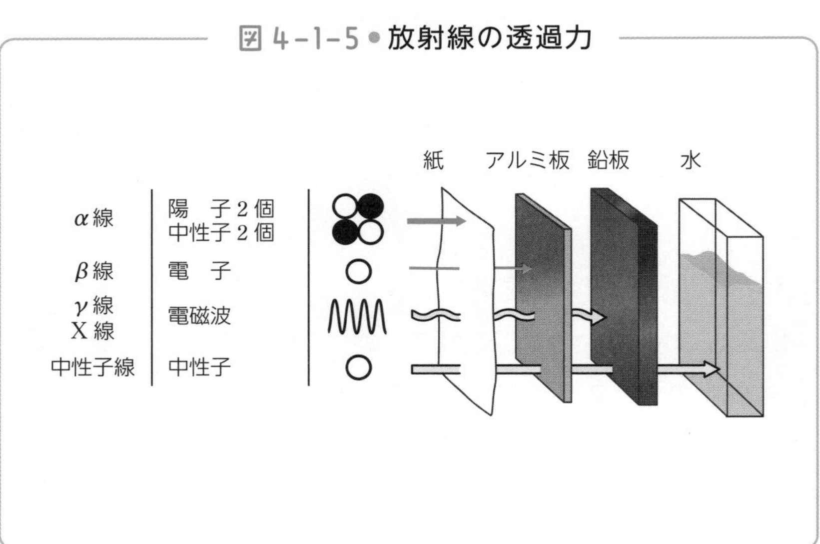

ところが意外なことに、水が有効な遮蔽材になります。使用済み核燃料を冷水プールに浸けて保管するのは、冷却の意味もありますが、中性子線遮蔽の意味もあります。これについては後に原子炉の節で説明します。

4-2 私たちが日々浴びている放射線

―― 自然界の放射線

放射線は生体にとって有害なものですが、自然界には放射線が満ちています。1人が1年間に受ける自然放射線の量は2.4ミリシーベルト程度と言われています。生命体はそのような放射線に耐えて進化してきたのです。

もしかしたら放射線によってDNAが傷つけられ、それを修復することを繰り返すうちにDNAが変化・進化し、それによって生体も変化・進化したのかもしれません。

●宇宙からの放射線

地球には宇宙から飛んでくる**宇宙線**が降り注いでいます。宇宙線は放射線と同じものです。宇宙線はγ線や中性子線が主なもので非常に有害ですが、大気、特に高空の成層圏にある**オゾン層**が吸収して防いでくれます。つまりオゾン層は地球に備わった天然の宇宙線バリアなのです。

オゾン層のような遮蔽物がなかったら、地球上に生命体は存在できなかったばかりでなく、そもそも生命体が誕生することはなかっただろうと言われています。

このオゾン層がフロン(炭素C、水素H、フッ素Fからできた人工分子)によって破壊され、南極上空にオゾン層のない地点ができたというのが、一般に**オゾンホール**と言われる環境問題です。オゾンホールをくぐってきた宇宙線のせいで、皮膚がんや白内障が増えているといった説もあります。

高空になると大気が減って遮蔽物がなくなるため、宇宙線の強度は高くなります。その度合は1500m上昇するごとに約2倍になると言いますから、1万m上空を飛行する航空機には、地上の100倍近い放射線が当たっていることになります。

航空機のパイロットが1000時間乗務した場合の被曝量は約5ミリシーベルト、地上に生活する普通の人が1年間に浴びる自然放射線(2.4ミリシーベルト＝世界平均)の約2倍です。ちなみに日本の航空会社での最長乗務時間は年間900時間程度とされています。

図4-2-1●人工衛星が撮影した南極上空のオゾンホール

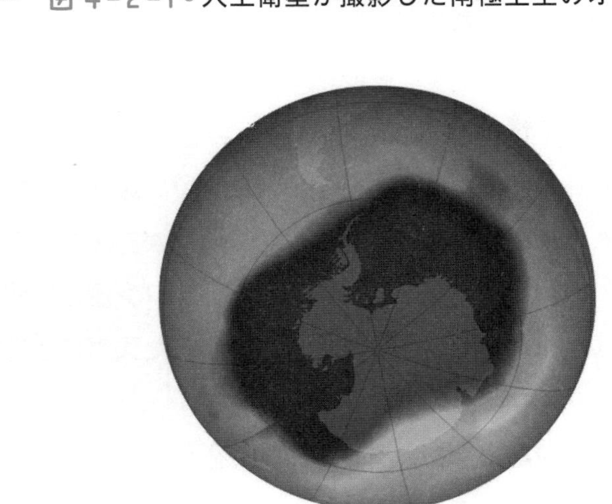

人工衛星や宇宙船の乗員は、このような放射線からの防御も考えなければなりません。

●空気と食物からの放射線

宇宙から飛んでくる宇宙線だけでなく、放射線は私たちを取り巻く空気中にもあります。それは宇宙線のほかに、宇宙線と地上の原子が反応して生じた放射性同位体、あるいは地中に存在する放射性元素の崩壊反応によって生じた放射性同位体から出る放射線など、いろいろあります。

これらには水素の同位体である三重水素(^{3}H)や、炭素の同位体である^{14}Cなどがあります。これらの放射性同位体は空気中に漂っているほか、^{3}Hは水になり、^{14}Cは有機物に取り込まれ、いろいろな食物になって体内に入りますから、私たちは常に体内被曝の状態に置かれていることになります。

さらに地殻には、いろいろな放射性元素が含まれています。そのようなものには、カリウム40、ルビジウム87、ポロニウム210、鉛210などがあります。ウランやラジウムもその中の一種です。

●地球に存在している放射線

ロシア文学に限りませんが、私たちが冷たい大地などと表現するのは地殻のことであり、地殻は地球の直径1万3000kmに対してわずか30kmの厚さに過ぎません。地球を鉛筆で描いた直径13cmの円とすれば、地殻は0.03cmの細線です。鉛筆の線の10分の1より細いのです。

地殻の内部はマントルとなって数千℃の温度になり、地球の中心は太陽の表面温度と同じ6000℃になっていると言います。

では、地球内部はなぜこのように熱いのでしょう？　地球は誕生したとき、宇宙から降り注ぐ隕石などの衝突熱や摩擦熱で高温になり、全体が融けて溶岩状態だったと言われます。

しかし、それは48億年も前の話です。その当時の熱は、とっくの昔に宇宙の果てに放散して、今となっては地球は冷え切っているはずです。

それが今でも数千℃の熱を保っているのは、ほかでもありません、地球が自分で熱を出しているからです。そしてその**熱源は地球内部で行なわれている原子核崩壊反応**なのです。つまり地球は、巨大な原子炉と言えます。

①地球内部からの放射線

地球が原子炉なら、原子炉から漏れ出てくる放射線があるのは当然です。この放射線は、もちろん地球内部に近づくほど、要するに深い穴になるほど強くなります。

そればかりでなく、放射性物質そのものが地球内部から染み出してくることがあります。

そのひとつが気体元素であるラドン(Rn)です。これは地殻中にある放射性元素であるラジウム(Ra)の原子核崩壊によって発生するものです。

そしてラドンもまたα線を放出してポロニウム(Po)に変化します。すなわちラドンはα線の放射線源なのです。

図 4-2-2 ● ラジウム→ラドン→ポロニウムへの原子核崩壊

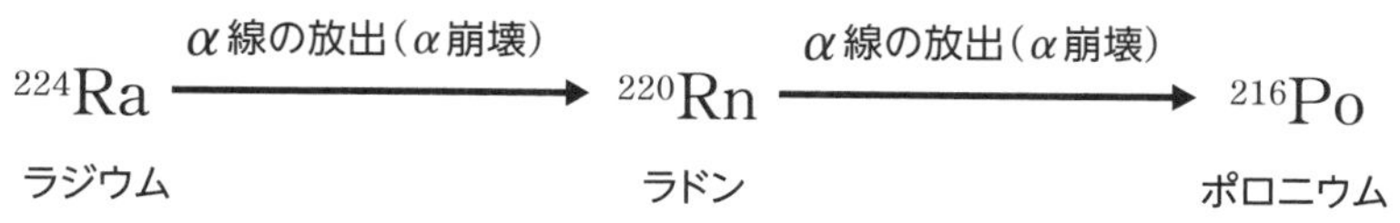

^{224}Ra ラジウム —α線の放出（α崩壊）→ ^{220}Rn ラドン —α線の放出（α崩壊）→ ^{216}Po ポロニウム

ラドンは石造りの地下室に特に多いと言われ、発がん性を指摘する声もあります。また、ウランの採掘労働者に被曝被害がおよぶことも指摘されています。

②温泉からの放射線

ラドンは水に溶けやすい気体であり、それが温泉に溶けたものがラジウム温泉などとして有名な放射能泉になります。日本国内では、鳥取県の三朝（みささ）温泉、兵庫県の有馬温泉、京都府のるり渓（けい）温泉などがよく知られています。

ラドンがα線で崩壊すると、生成するのはポロニウムです。私たちが浸かっているラジウム温泉のお湯の中には、あのキュリー夫人が、そのころはロシアに占領されていた故郷のポーランドを偲（しの）んで名づけた、放射性元素ポロニウムが溶けているのです。

もしかして耳を澄ましたら、キュリー夫人と同じポーランド出身の大ピアニスト、ショパンのノクターンでも聞こえてくるかもしれません。

図 4-2-3 ● 身の回りの放射線被曝

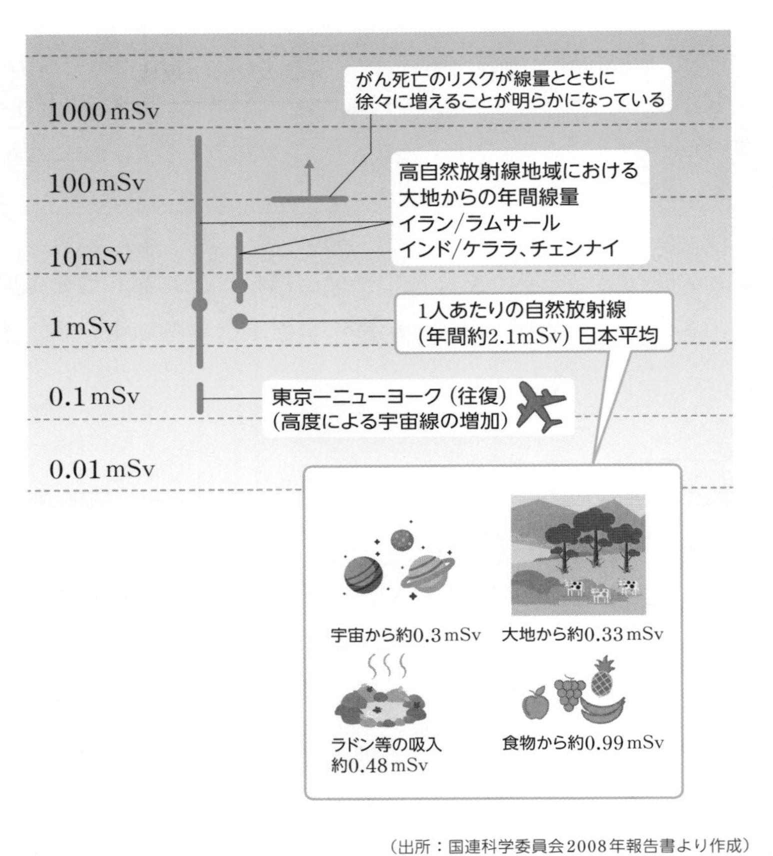

(出所：国連科学委員会2008年報告書より作成)

げんしりょくの窓

放射線ホルミシス

ラジウム温泉は体によいと言われますが、これらの温泉では有害と言われるα線が放出されているため、本当に健康によいのかどうか、疑問に思える点もあります。

しかし、昔から痛風、高血圧、循環器障害、さらには悪性腫瘍にも効果があると言われ、愛用されてきた歴史があります。「事実は何事よりも強し」です。

このような効果は単なる思い込みによるものかもしれませんが、思い込みであれ何であれ、健康が回復すればそれが事実です。赤の他人が「どうのこうの」言う筋合いではないのかもしれません。

一般に、「生物にとって本来は有害なものも、少量長期間用いると有効になることがある」という学説もあり、これは**ホルミシス効果**と言われています。「一気に大酒を飲むのは体に悪いが、晩酌をチビリチビリやるのは健康によい(？)」というのと似ています。

しかしこの効果を、再現性をもって客観的に示す医学的データは得られにくいとの説もあります。ですから、この説を信用する方は、自己責任で実行してください、としか言いようがありません。

個人的なことを言えば、私はこの説が好きで、毎晩欠かさず実験を繰り返しています。皆さんのご家族で実験をなさっている方がいらしたら、ぜひ協力してあげてもらいたいものです。

原子核の変化が地球のエネルギーのもと

——原子核反応と新元素の生成

原子核が崩壊するとき、エネルギーが生まれます。それが地球を温める源になっています。

原子核の崩壊は1回で終わることもありますが、ドミノ倒しのように次々と連続して起こることもあります。このような崩壊の連続を**壊変系列**と言います。

●原子核崩壊と原子核変化

原子核は、**原子核崩壊**によって他の原子に変化します。どのような原子に変化するかは、崩壊に伴って放出される放射線の種類によって異なります。

原子核反応は化学反応と同じような反応式で表されますが、化学反応式と同じように、質量保存則が見られます。つまり反応式の左辺と右辺で、原子番号Z、質量数Aは保存されます。

①α崩壊

図4−3−1の反応式①〜④は典型的な原子核崩壊の反応式です。

反応式①のように、原子Wがα線を出して崩壊する反応をα崩壊と言います。α線は^{4}Heの原子核なので、原子番号$Z=2$、質量数$A=4$です。

したがって質量保存則を満たすため、生成原子核XはWに比べて原子番号は2小さく、質量数は4小さくなります。

図 4-3-1 ● 原子核崩壊反応の種類

① α崩壊 $${}^{A}_{Z}\mathrm{W} \xrightarrow{\alpha崩壊} {}^{A-4}_{Z-2}\mathrm{X} + {}^{4}_{2}\mathrm{He}$$ （α線）

② β崩壊 $${}^{A}_{Z}\mathrm{W} \xrightarrow{\beta崩壊} {}^{A}_{Z+1}\mathrm{Y} + {}^{0}_{-1}\mathrm{e}$$ （β線）

③ β崩壊 $${}^{1}_{0}\mathrm{n} \xrightarrow{\beta崩壊} {}^{1}_{1}\mathrm{p} + {}^{0}_{-1}\mathrm{e}$$ （β線）

④ γ崩壊 $${}^{A}_{Z}\mathrm{W} \xrightarrow{\gamma崩壊} {}^{A}_{Z}\mathrm{W}^{*} + \mathrm{E}$$ （γ線）

②・③β崩壊

反応式②・③のように、β線（電子）を放出する崩壊をβ崩壊と言います。β線は電子ですから電荷が-1で、陽子の$+1$の反対です。そのため原子番号$=-1$と考えると、生成原子核Yは、Wと質量数Aは変わらず、原子番号は1増えることになります（②）。

この反応の実体は、中性子nが電子を放出して陽子pになる反応式③なのです。そのため、β崩壊は陽子が増えることになるので原子番号が増加します。電子の重さは無視できるので質量数は変わりません。

④ γ 崩壊

反応式④のように、γ 線(E、エネルギー)を放出する崩壊を γ 崩壊と言います。γ 線には質量も電荷もないので、生成原子核Xは質量数も原子番号も以前の原子核Wのままです。

しかし、エネルギーを放出している分、不安定になっています。このような原子核を**準安定核**と呼び、元素記号に＊(アステリスク)をつけて表します。準安定核は本質的には不安定なので、さらに β 崩壊などを起こして安定核に変化していきます。

●ウランの壊変系列

原子核が次々と崩壊を続けた場合、最後に行き着く原子核は多くの場合、鉛(Pb)になっています。つまり、鉛が最安定原子核ということになります。

このような原子核の彷徨の経路は、出発原子核と到達原子核、および途中の経路によっていろいろあります。主なものとしてウラン系列、トリウム系列、アクチニウム系列、ネプツニウム系列の4系列があります。

図4−3−2に示したのはこのような壊変系列のひとつで、ウランの同位体 ^{238}U から始まるので、ウラン系列と言われるものです。

図 4-3-2 ● 壊変系列のひとつであるウラン系列

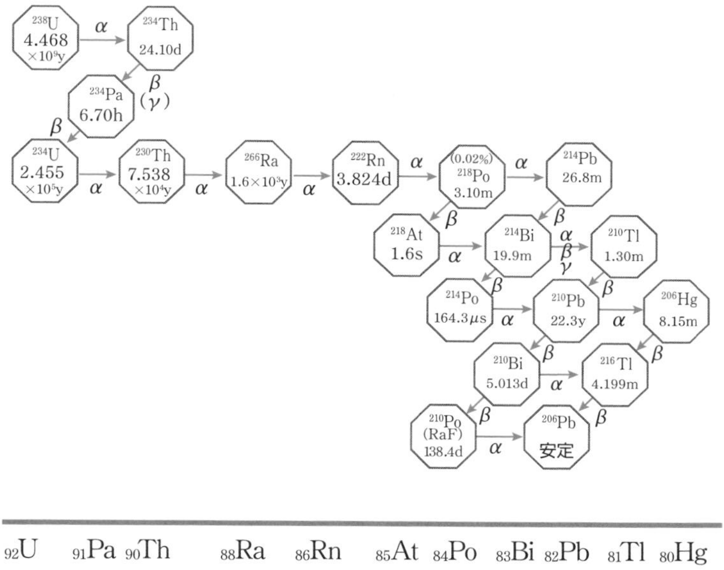

①壊変系列の反応

図の横軸は原子番号(Z)です。枠の中に書いてあるのは核種(原子核の種類)と半減期です。原子番号、質量数とも、右に行くほど小さくなります。そして矢印に沿って書いてあるのは、崩壊の種類です。大変に複雑な系列となっていますが、最終的には鉛の同位体のひとつである^{206}Pbに終息します。

ウラン系列の最初の反応では、^{238}Uがα崩壊して、原子番号が2だけ小さいトリウム^{234}Thに変化します。続いてこれがβ崩壊をして、原子番号が1増えたプロトアクチニウム^{234}Paに変化し、その後もう1回β崩壊して、またウランの同位体^{234}Uに戻ります。

そこからはα崩壊を繰り返して右下の複雑な壊変状態にたどりつ

きます。そこからα、β、γ崩壊を複雑に繰り返してエネルギーを放出し続け、最後に最も安定な^{206}Pbに落ち着くというわけです。

②放射性同位体の運命

壊変系列は放射性同位体の運命を表しています。

地中のウランはこのような変化を休むことなく繰り返しているので、ウラン鉱脈ではウランだけでなく、系列を構成する全核種が存在することになります。そしてその崩壊に基づくエネルギーを地中に放出し続けています。これが地球を温めるエネルギーとなっているのです。

その途中でラジウムとなり、ラドンとなり、水に溶けて温泉に顔を出して喜ばれたり、気体として地下室に現れて嫌われたりしています。

原子核は138億年前に始まる原子の変遷の歴史の間に蓄えたエネルギーを、今に至るまで少しずつ放出して私たちに届けてくれています。

●放射線と原子核の反応

原子核崩壊を見てきましたが、これは原子が何の影響も受けず、いわば勝手に壊れてゆく反応です。原子核の反応には、2個の原子核が衝突することによって生じる反応もあります。

①核の衝突による反応

図4−3−3のように2個の原子核AとBが核融合して新しい原子核Cになる反応は、一般に右の反応式①として表されます。また、

AとBが反応してDとEができる反応もあります(反応式②)。

このような反応でも原子番号と質量数は保存されています。

図 4-3-3 ● 核融合で新しい元素が生まれる

$${}^{a}_{b}\mathrm{A} + {}^{c}_{d}\mathrm{B} \longrightarrow {}^{a+c}_{b+d}\mathrm{C} \quad \text{(反応式①)}$$

$${}^{a}_{b}\mathrm{A} + {}^{c}_{d}\mathrm{B} \longrightarrow {}^{e}_{f}\mathrm{D} + {}^{g}_{h}\mathrm{E} \quad \text{(反応式②)}$$

$$a+c=e+g \quad b+d=f+h$$

②現代の錬金術

錬金術というのは、中世ヨーロッパで発達した化学技術で、**鉄や鉛のような卑金属を、金などの貴金属に変えようとする技術**です。実際には中世にはこのような技術はありませんでしたから、錬金術はことごとく失敗し、錬金術師は詐欺師のように見られたりしました。

しかし現代技術を使えば、錬金術は可能です。つまりある元素を他の元素に変換したり、まったく新しい元素をつくったりすることができます。

図 4-3-4 の反応式③は水銀 ^{196}Hg から金 ^{197}Au をつくる可能性のある式ですが、2 段目の反応は**軌道電子捕獲**と言い、原子核の中にある陽子が電子雲の電子と反応して中性子になる反応です。ですから、生成原子核はもとの原子核と同じ質量数であり、原子番号が 1 だけ減ることになります。

試算によれば、1 リットル(13kg)の水銀に大型商用原子炉で 1

図 4-3-4 ● 水銀から金をつくる

$$ {}^{196}_{80}\mathrm{Hg} + {}^{1}_{0}\mathrm{n} \longrightarrow {}^{197}_{80}\mathrm{Hg} \xrightarrow{\text{軌道電子捕獲}} {}^{197}_{79}\mathrm{Au} \quad \text{（反応式③）} $$

$$ {}^{197}_{79}\mathrm{Au} + {}^{1}_{0}\mathrm{n} \longrightarrow {}^{198}_{79}\mathrm{Au} \xrightarrow{\beta\text{崩壊}} {}^{198}_{80}\mathrm{Hg} \quad \text{（反応式④）} $$

年間照射を続ければ、10gの金が取れるそうです。2023年1月1日現在、金の価格は1gが1万円ほどですから、10gで10万円です。原子炉の借用代、電気代がどれくらいになるかはわかりませんが、金はやはり東京・銀座の貴金属店で買ったほうがはるかに安いことは確かでしょう。

中世の錬金術師たちが、この話を聞いたらどう思うでしょう。「錬金術は成功した」と言って喜ぶでしょうか？

それとも「錬金術はお金にならなかった」と言って悲しむでしょうか？

私は喜ぶと思います。錬金術は、今では詐欺の一種のように言われることが多いようですが、中世では真剣な科学哲学であり、多くの有能な科学者が身と心を捧げた学問領域です。ニュートンも真剣に研究しています。

反対に、反応式④のように、普通の金（${}^{197}\mathrm{Au}$）に中性子を照射すると質量数が1増え、不安定な金（${}^{198}\mathrm{Au}$）になりますが、これはβ崩壊して原子番号を1増やし、水銀（${}^{198}\mathrm{Hg}$）になります。

これも元素変換です。ひと昔前ならとんでもない大発見になるところです。

しかし、高価な金を安価で、しかも公害の元凶のように言われる水銀に変化させる反応など、現代においては研究以外の目的で行なう人はいないでしょうね。

③新元素の創造

異なる2種類の原子核の間で起こる原子核反応を用いれば、まったく新しい元素を創造することが可能です。原子番号93以上の原子は**超ウラン元素**と呼ばれ、自然界には存在しない人工元素ですが、周期表には118番元素までが並んでいます。これらの元素の多くはこのような原子核反応で合成されました。

人工元素の命名権は最初につくった個人、研究所、国に与えられます。どのような名前にしようと勝手です。

●日本人がつくった人工元素ニホニウム

原子番号113の新元素の名前はニホニウムであり、元素記号はNhです。これは日本が最初につくった元素です。そこで日本人科学者の悲願であった「日本」の名前を冠したニホニウムと命名したのです。

ニホニウムの合成に成功したのは2004年のことでした。日本の理化学研究所は、光速の10%(秒速約3万km)にまで加速した

図4-3-5●日本人がつくった人工元素ニホニウム

$${}^{70}_{30}\mathrm{Zn} + {}^{209}_{83}\mathrm{Bi} \longrightarrow {}^{279}_{113}\mathrm{Nh}^{*} \longrightarrow {}^{278}_{113}\mathrm{Nh} + {}^{1}_{0}\mathrm{n} \quad \text{(反応式⑤)}$$

亜鉛の同位体^{70}Znをビスマスの同位体^{209}Biに衝突させることで「113番元素」の合成に成功したのでした(反応式⑤)。

生成した113番元素の原子核は半減期344マイクロ秒 (3.44×10^{-4} s) でα崩壊し、レントゲニウム(Rg)の同位体となりました。

113番元素を合成したと主張した研究グループは、ほかにも2グループありました。

しかし理研グループは同じ実験を3回繰り返して成功しており確実性があるということで、最初の合成から10年以上の審議を重ねた結果、ようやく国際純正・応用化学連合(IUPAC)によって2015年に日本の命名権が認められたのです。

放射線は人体にどう影響するか
―― 内部被曝

放射線は怖いものです。しかし私たちは放射線から逃げられない運命にあります。地球にはあらゆる方向から宇宙線という放射線が降り注いでいます。

この宇宙線がそのまま地表に降り注いだら、地球上の生命体は全滅するだろうと言われます。ところが、私たちは元気に生存しています。これは上空にあるオゾン層のおかげです。オゾン層が宇宙線のエネルギーを低下させてくれているのです。

●体内で放射線を出す炭素の崩壊

地球には上空から宇宙線が降り注ぎ、地面からは前節で見た原子核崩壊による放射線が染み出してきます。しかし、これはその気になれば、例えば厚さ1mもあるような鉛でできた箱の中に入れば遮蔽することができるでしょう。

ただし、それでも遮蔽できない放射線があります。それは、**私たちの体の中で発生する放射線**です。つまり**内部被曝**です。これは体内で発生する放射線による被曝ですから避けようがありません。しかも、内臓は皮膚もなく軟らかいですから、放射線の影響をもろに受けます。

体内で放射線を出す元素はいくつかあります。ひとつは炭素です。普通の炭素は質量数12の^{12}Cですが、この炭素の同位体に^{14}Cがあります。これは全炭素原子のわずか1.2×10^{-8} %しか含まれませんが、必ず含まれています。

これがβ線を出して窒素(^{14}N)に変化します。つまり、私たちは常にこのβ線の内部被曝を受けているのです。

$$^{14}C \rightarrow e\ (\beta 線)\ + {}^{14}N$$

●脳の情報伝達に働くカリウムの崩壊

もうひとつはカリウム(K)です。これは脳の情報伝達において重要な働きをする元素です。神経細胞内を情報が移動するときには、細胞内のカリウムイオン(K^{+})が細胞外に放出され、代わりにナト

図 4-4-1●体内、食物中の自然放射性物質

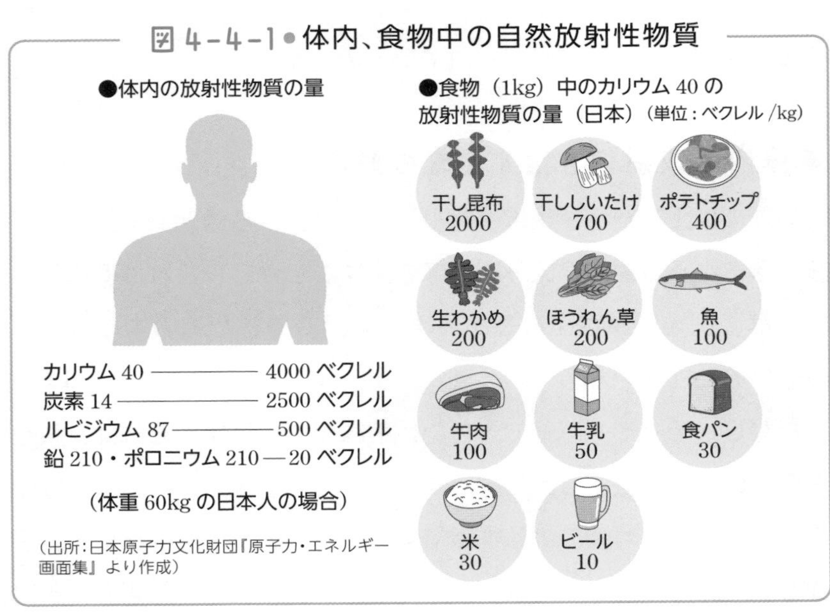

リウムイオン(Na^{+})が入ってきます。この変化に基づく神経細胞の電位変化が情報となって伝わるのです。

カリウムは大部分が非放射性の^{39}Kですが、0.012%だけ放射性の^{40}Kが含まれます。これがβ線を出してカルシウム(^{40}Ca)に変化するのです。

$$^{40}K \rightarrow e\ (\beta 線) + {}^{40}Ca$$

●人工放射性元素の崩壊

炭素やカリウムは天然の状態で含まれているものですから、私たちにとって避けようのないものです。それに対して、原子爆弾の爆発や原子炉の事故で放出されるのが**人工放射性元素**です。

これには主なものとしてヨウ素(I)の同位体^{131}I、セシウム(Cs)の同位体^{137}Cs、ストロンチウム(Sr)の同位体^{90}Srなどがあります。これらはいずれもβ線を放出します。

これらが体に付着したり、家の中に入ったりしただけでも危険ですが、ましてや空気や食物に紛れて体内に入った場合にはさらに危険です。

とはいっても、問題は濃度です。いたずらに神経質になることはありませんが、近くで原子核に絡んだ事故などがあった場合には、当局の指示に従って慎重な行動をとることが大切です。

①放射性ヨウ素

核反応の絡んだ事故があると、真っ先に検出されるのがヨウ素であり、次がセシウム、ストロンチウムです。これらはβ線を放出し、体に蓄積しやすい元素ですので、体内に入ると大変に危険です。

ヨウ素は体に大切な元素ですが、それは質量数127のヨウ素127(^{127}I)です。ところが、核分裂でできるのはヨウ素の同位体の^{131}Iです。これは、普通のヨウ素とは違って放射性ですから、放射性ヨウ素と呼ばれます。

^{131}Iはβ線を放出してキセノン(Xe)に変化します。このβ線が私たちの体に悪さをするのです。

ヨウ素は人間の体の甲状腺に蓄積され、そこで甲状腺ホルモンのチロキシンになって体内のいろいろな臓器に配られます。そのため、放射性ヨウ素を摂取すると甲状腺にダメージを与え、子供の場合には甲状腺がんになる確率が高まると言います。

②放射性ヨウ素の防御

体内に放射線ヨウ素が蓄積されないために服用するのがヨウ素剤です。これは放射性ヨウ素が入ってくる前に、甲状腺を普通のヨウ素で飽和にしておき、放射性ヨウ素が入ってきても甲状腺に入り込まないようにするものです。

図 4-4-2 ● ヨウ素剤の効果

◎100mgのヨウ素剤（ヨウ化カリウム＝KI）を投与したときの^{131}I摂取防止率	
投与時期	**^{131}I摂取防止率**
被曝24時間前投与	約70%防御可能
被曝12時間前投与	約90%防御可能
被曝直前投与	約97%防御可能
被曝 3 時間後	約50%防御可能
被曝 6 時間後	防御できない

しかしヨウ素剤の効果は服用時期に大きく影響し、被曝直前に飲むことが大切で、被曝後に飲んでも効果は限定的です。また、予防のためといっても、あまりに早く飲むのは効果が薄くなります。

③放射性ストロンチウム

自然界に存在するストロンチウム(Sr)のほとんどは^{86}Sr(9.9%)、^{87}Sr (7.0%)、^{88}Sr (82.6%)ですが、核分裂で生じるのは^{89}Sr 、^{90}Srです。これらはともにβ線を出します。半減期は、^{89}Srは約50日と短いのですが、^{90}Srは約29年と長く、危険です。

ストロンチウムは周期表で見ると、カルシウム(Ca)と同じ2族元素です。そのため体内に入るとカルシウムと置き換わって骨に蓄積され、長期間にわたってβ線を出し続けるので大変に危険です。

●放射性物質はどうしたら防御できるか

放射線は目に見えないものであり、その防御法は遮蔽になります。これに関しては、先に見た通りです。

それに対して放射線を出す放射性物質は、微小な粒子と思えばいいでしょう。ですから、これを防ぐのは花粉を防ぐのと同じようなものです。

放射線対策の第一はまず、毒素をまき散らす花粉、つまり放射性物質に近づかないことです。「触らぬ神に祟りなし」は放射性物質に関しても真実です。具体的な防御の仕方については7−4節で紹介します。

4-5

現代医療に不可欠な放射線の利用

——医療利用と殺菌効果

放射線(放射能)には怖いものというイメージがつきまといます。しかし、放射線は怖いだけのものではありません。私たちの役にも立っているのです。

●がん治療に将来が期待される重粒子線

放射線は現代医療と密接に結びついています。すなわち骨格や内臓の状態を調べるレントゲン写真で使う**X線**は放射線の一種です。そうだとすると、今まで放射線のお世話になったことがないと言える人はいなくなるのではないでしょうか？

成人だったら誰でも、これまでに何回も胸部X線写真(レントゲン写真)を撮ったことがあるでしょう。人によってはバリウムを飲んで胃のX線検査を受けたこともあるかもしれません。入念なCT検査を受けた人もいるでしょう。

このようなX線撮影は、明らかに放射線による外部被曝です。ただし、その被曝量は図4−5に見るように微々たるものであり、健康に問題が生じるようなものではありません。

最近注目されているのは、陽子や炭素(C)、ネオン(Ne)などの原子核を加速した**重粒子線**と言われるものです。これらはエネルギーと方向を注意深く制御することによって、体内に達する方向と深さを精密にコントロールすることができます。

これによってがん細胞を直接的に攻撃して、撲滅してしまおうというわけです。これは手術によってがん細胞を除去するのと同じ効果を期待できるのに、患者の体にかかる負担は少ないということで将来が期待されています。

図 4-5 ● X線による被曝量

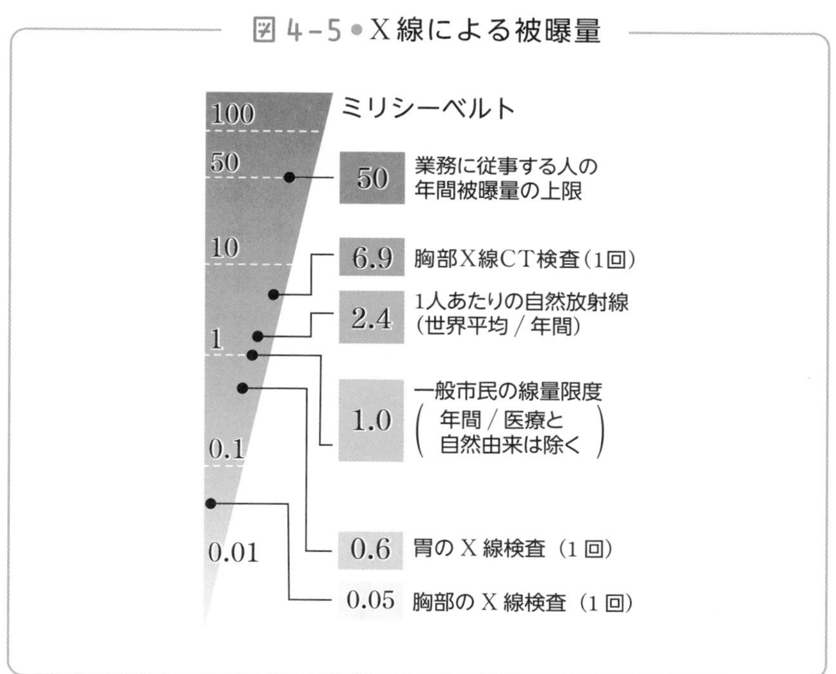

●放射線には殺菌効果がある

放射線は生物に害を与えるのですから、細菌に対しても同様に害を与えます。ということは、殺菌や消毒に用いることができるということです。特に熱に弱い品物で、高温殺菌ができないとか、薬品による殺菌をしたくない、というような場合に有効です。

この殺菌法は医療関係などには有効ですが、日本では食物の殺菌目的で放射線を用いることは禁止されているので、食物の保存に利用することはできません。

しかし、例外としてジャガイモの保存には利用されています。保存中のジャガイモが芽を出すと、その部分にソラニンという有毒物質が生産されます。そこでジャガイモに放射線を照射して芽を出す機能を喪失させるのです。

この目的にはコバルト(Co)の同位体である、^{60}Coという人工元素が放射するβ線が利用されます。天然に存在するコバルトは^{59}Coであり、放射線を放出する能力(放射能)は持っていません。

現在は、専用の施設で放射線によるジャガイモの発芽止めが行なわれています。放射線を照射したジャガイモには、その旨の表示が義務づけられており、照射していないジャガイモに混じって販売されることはありません。

第5章

原子力発電の仕組みを概観する

5-1 原子力発電の原子炉は火力発電のボイラーと同じ

——原子核反応か化学反応か

いよいよ原子力発電の話に入ってきました。

原子力発電とは、原子核反応によって発生したエネルギーを使って発電することです。

少し正確に言うと原子力発電とは、①原子炉で原子核反応によって発生したエネルギーを用いて、②発電機で発電すること、です。

ここで**原子炉とは、内部で原子核分裂反応を行なって、発生したエネルギーを熱として取り出す装置**です。つまり、化石燃料を燃やして熱エネルギーを取り出すボイラーと同じです。

原子炉から取り出したエネルギーは、普通の熱エネルギーとまったく同じですから何に使おうと自由ですが、現在はもっぱら原子力発電として発電に使っています。

ここで、原子炉と発電については、

「原子爆弾と同じ核分裂に耐える反応容器をつくることができるのか？」

「核分裂させる放射性物質に何を使うのか？」

「放射性物質を爆発させることなく、核分裂させることができるのか？」

など、たくさんの疑問が出てくるでしょう。ここから原子炉の原理と実際を詳しく見ていくことにしましょう。

●自然界の電気は利用できない

電気は自然界にたくさんあります。例えば、カミナリです。

原子は電子と陽子という電荷を持った粒子からできています。海水中の塩化ナトリウム(NaCl)は、ナトリウムイオン(Na^{+})と塩化物イオン(Cl^{-})という荷電粒子(イオン)に分かれて溶けています。カミナリは地上の電荷と雲の電荷との間のショートなのです。

しかし、石炭やウランのような物質と違って、自然界の電気エネルギーを取り出して利用することは困難です。カミナリのエネルギーを電気エネルギーとして取り出すことは、現在でも不可能と言っていいでしょう。

現在のところ、電気を利用するには、人間が自分で電気をつくり出さなければなりません。

カミナリの電気エネルギーは利用できない。

●発電の仕組みはみな同じ

電気をつくるにはいろいろな方法があります。主なものだけでも、風力発電、水力発電、火力発電、地熱発電、自転車のダイナモ、乾電池、太陽電池、水素燃料電池などが挙げられます。このうち、電池を除けばすべての発電は発電機を用いたものです。

発電機というのは、コイルの中に設置した磁石を回転させることによってコイルに誘導電流を起こし、それを外部に取り出す装置です。問題は磁石を回転させる仕組みとエネルギーで、それによって風力発電、水力発電などに分かれます。

図5-1-1●発電機の原理

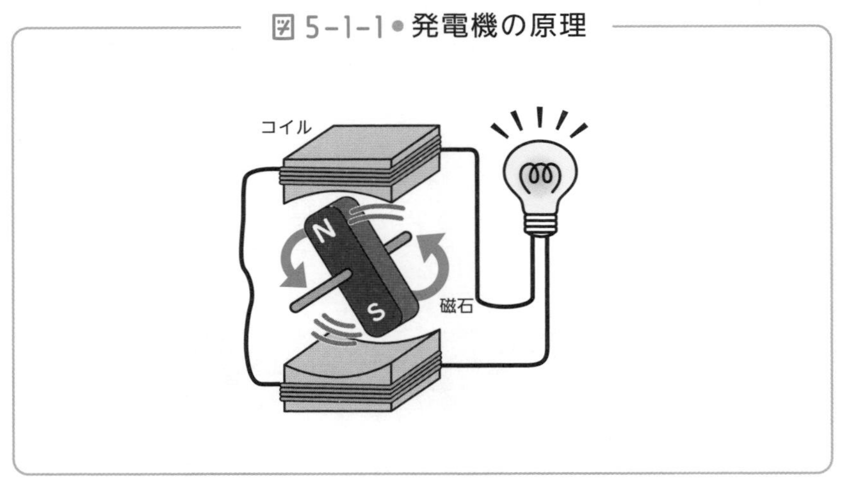

最もわかりやすいのは風力発電で、風車の回転軸の先に磁石をつけたものです。風によって風車のブレードが回り、それにつれて磁石が回転します。

水力発電も似た仕組みです。風の代わりに水流を使ってタービンを回します。この発電装置を水流のある川に設置すればそれで発電可能ですが、多くの場合、大規模なダムをつくって水を溜め、その水を落差を使って落とすことでタービンを回しています。

自転車のダイナモなら、タイヤの回転でダイナモのタービンを回します。

火力発電も結局は同じ原理ですが、タービンを回すのに水蒸気を使います。そのため、水蒸気をつくる装置とエネルギーが必要になります。水蒸気は水を加熱して沸騰させればいいだけで、ヤカンでお湯を沸かすのと同じことです。火力発電ではヤカンの代わりにボイラーを使い、燃料として石炭、石油、天然ガスなどの化石燃料を用います。

図5-1-2 ● それぞれの発電の原理

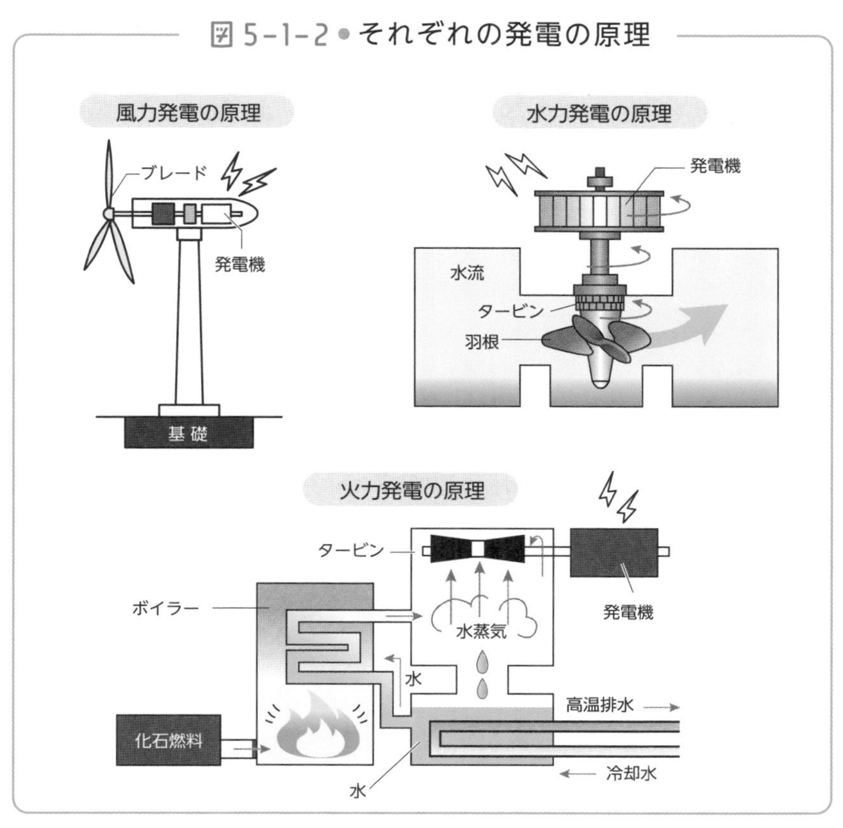

●原子力発電の原理

原子力発電、原子炉と聞くと、原子炉で発生した原子力がそっくりそのまま電力に変身するように思えるのではないでしょうか？あるいは原子力＝電力かと思ってしまいませんか？

原子力発電はそれほど超未来的な発電方法ではありません。それどころか、原理はそれまでの発電装置と同じで、原始的なものです。水蒸気で発電機を回して発電するのです。つまり、原子力発電は火力発電とまったく同じ原理なのです。

それでは原子力、原子炉は何をするんだ？　と思うかもしれませんが、原子炉は水蒸気をつくるボイラーの役をするだけです。原子力はボイラーの火に相当し、化石燃料と同じ役です。

簡単に言えば、原子炉は「ボイラーの成り上がり」、もっと言えばヤカンの成り上がりに過ぎないのです。

原子炉の燃料、つまりウランなどの核燃料は、ガスレンジで燃えてお湯を沸かす「都市ガス」やコンロで燃える「練炭」と同じ役割をしているだけなのです。

●原子力発電装置の構成

原子力発電装置は2つの部分からできています。「**原子炉**」と「**発電機**」です。

そのうちの発電機は従来の火力発電用のものとまったく同じで、回転して電気をつくります。

原子炉は、ボイラーに相当することになりますが、原子炉とボイラーの違いは、**水蒸気をつくるのに「原子核反応」を使うか「化学反応」を使うか**、という点です。

図 5-1-3 ● 原子力発電の原理

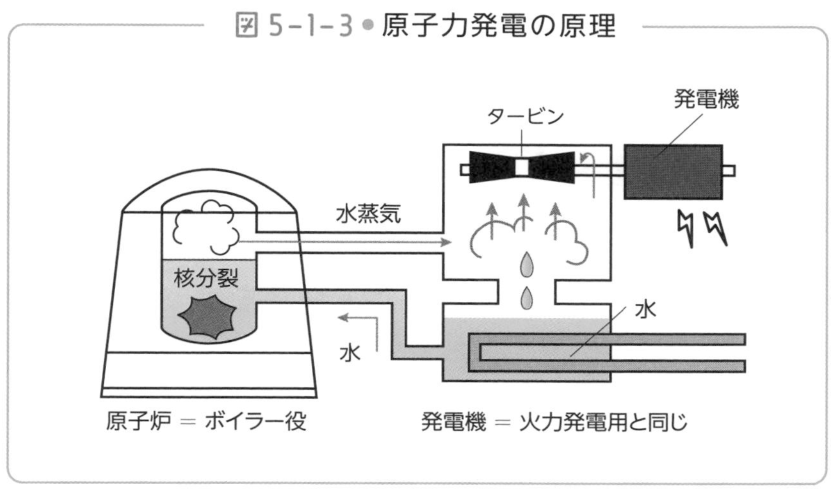

つまり、ボイラーは炭素燃料の燃焼に基づく燃焼エネルギーである「化学エネルギー」を使って水蒸気をつくるのに対して、原子炉ではそのエネルギーとして核分裂に基づく原子核エネルギーの「原子力」を用いているという違いだけです。

現在の原子力発電は核分裂反応の利用だけ

―― 枝分かれ連鎖反応と定常反応

先に見たように、原子核反応にはいろいろな種類があり、それに応じて原子力発電にもいろいろな種類が考えられ、研究され、試行されていますが、現在、**原子力発電として実用化されている原子核反応は核分裂反応だけ**です。

そして、**原子力発電に利用されている原子核は主にウラン(U)**です。

●枝分かれ連鎖反応を起こすと爆発してしまう

先に、ウランの核分裂は連鎖的に進行する連鎖反応であり、中でも指数関数的に反応回数が増える「**枝分かれ連鎖反応**」であることを見ました。

枝分かれ連鎖反応は別名「ネズミ算式」と呼ばれるように、反応規模が次々に拡大し、ついには爆発になってしまいます。

それに対して同じ連鎖反応であっても、枝分かれではないただの連鎖反応である**定常反応**は、反応規模が常に一定(定常的)に推移して、爆発になることはありません。

それでは、枝分かれ連鎖反応とただの連鎖反応を分けるものは何で

図 5-2 ● 核分かれ連鎖反応と定常反応

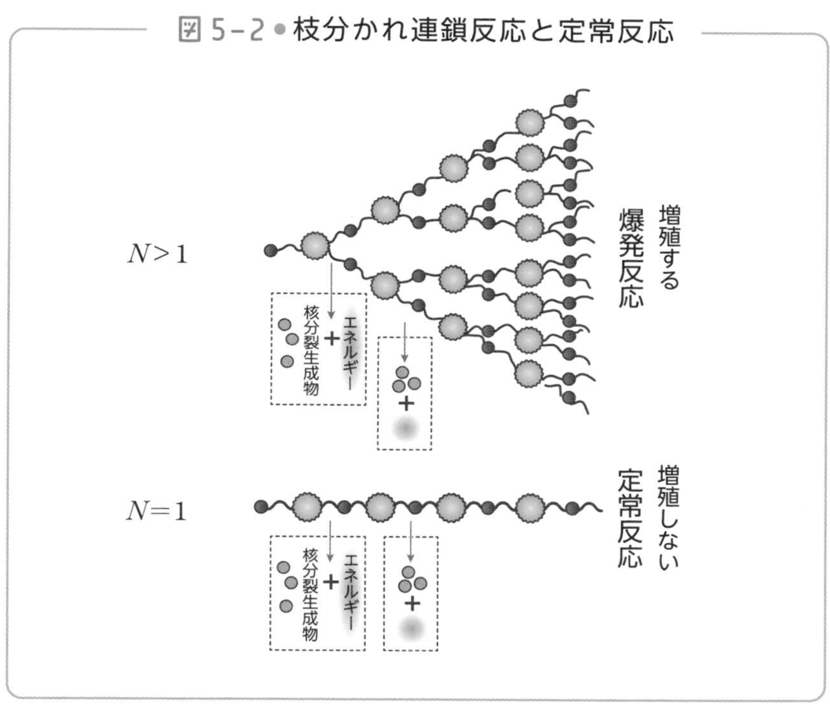

しょうか？　それは１回の核分裂で発生する「中性子の個数N」です。

●核分裂の反応規模を決める中性子数

１回の反応で発生する中性子の個数がもし１個なら、反応はどこまで行っても1^nであり、反応規模は拡大しません。同じ規模の反応が連続する定常反応になります。

１個超の場合に限って、反応はだんだん激しくなり、ついには爆発になってしまうのです。

逆に１個未満なら反応はだんだん小規模になり、ついには終息して消火状態になります。

原子炉の反応が定常状態になるか爆発状態になるか、大げさに言えば、原子炉が「原子炉でいられるか、それとも暴走して原子爆弾になってしまうか」は、1回の反応で発生する中性子の個数によって決定されるのです。

まとめると、1回の反応で発生する中性子の個数をNとすれば、

$N > 1$：爆発

$N = 1$：定常反応

$N < 1$：消火

ということになります。

しかし、1回の核分裂で何個の中性子が発生するかはウラン235(^{235}U)原子核のいわば「家庭の事情」によります。人間の都合を押しつけても原子核が聞いてくれるはずもありません。

それではどうしたらいいでしょう？　原子炉が原子爆弾になってしまっては大変です。

ここで登場するのが制御材なのですが、それは後で詳しく見ることにしましょう。

現在の核燃料はウランの独擅場

—— ウランの知識

原子炉の中で核分裂を起こす放射性物質を、一般に**核燃料**と言います。燃料とは、酸素と燃焼反応を起こして燃焼エネルギーを発生するもののことを言います。したがって、核分裂反応でエネルギーを発生する放射性物質は、正確に言えば燃料ではないのですが、一般に核燃料と言っていますから、本書でもそれにならっておきます。

現在、世界中で稼働中の原子炉は、ほとんどすべてが核燃料としてウラン(U)を使っています。ウラン以外にも燃料として使える元素はあるのですが、あえてウランが使われる理由は、後で見ることにしましょう。

●ウランの一般的性質

ウランは核燃料としてよく知られていますが、それ以外の素顔は意外と知られていないのではないでしょうか。

ウランは銀白色の金属であり、融点は1130℃で鉄(融点1535℃)より低く、銅(1084℃)と同程度です。密度は19.1g/cm^{3}で鉄(7.9g/cm^3)はもちろん、鉛(11.4g/cm^3)や水銀(13.5g/cm^3)よりも大きく、金(19.3g/cm^3)や白金(21.5g/cm^3)に匹敵する超重量級金属です。

ちなみに最も密度の大きい元素は、貴金属元素のひとつであるオスミウム(Os)であり、22.587g/cm^{3}です。

かつてウランはタイルの黄色い釉薬(ゆうやく)や、黄緑色の蛍光色を放つウランガラスの原料として使われていました。もちろん放射線を放出するため危険ですが、それ以上に重金属としての化学毒性のほうが危険だとも言われています。

現在、ウランガラスはつくられていません。入手するには骨董屋さんを探す以外ありません。レトロで暖かい感じの淡黄色の半透明ガラスです。

●核燃料となる濃縮ウランができるまで

①ウランの採掘

原子力発電と聞くと、燃料の心配はないと思う人もいるのではないでしょうか？　とんでもありません。**ウランの可採年数は70年であり、石油、天然ガスと同程度**です。

しかし、ウランは低濃度ながら海水にも溶けており、将来、ウラン鉱山が枯渇したら、海水からの抽出も可能です。海水中のウランを利用すればウラン枯渇の心配はないと言われており、そのための基礎技術は実験室レベルでは完成しています。問題はコストであり、現在はもっぱら鉱山からウラン鉱として採取しています。

ウラン鉱には、キュリー夫人がポロニウムやラジウムを発見した鉱石として有名なピッチブレンドや、日本のウラン埋蔵地として有名な人形峠(島根県と岡山県の県境)の名前のついた人形石などがありますが、それぞれ複雑な元素組成を持っています。その中で単純

図5-3-1●ウランの生産国（2021年）

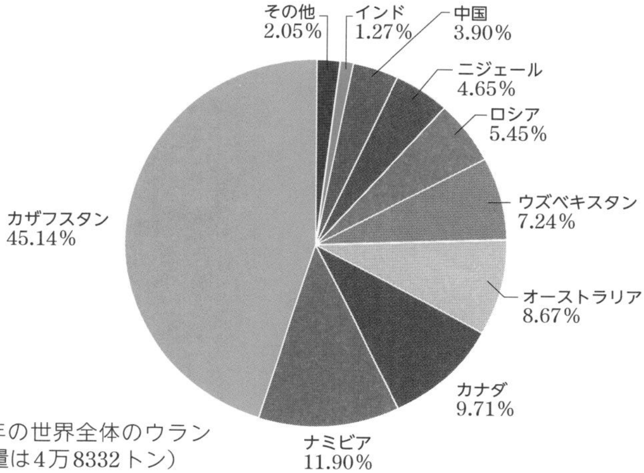

（2021年の世界全体のウラン総生産量は4万8332トン）

（出所：Liberum scientia）

な組成で使いやすいのは「閃（せん）ウラン鉱」で、主成分は二酸化ウラン（UO_2）です。

②ウランの精製

鉱山から掘り出したばかりのウラン鉱石は、そのままでは燃料になりません。ウラン鉱石から金属ウランを抽出し、精製する必要があります。

抽出にはまず、ウラン鉱石を硫酸（H_2SO_4）に溶かしてウランの硫酸塩（$UO_2(SO_4)$）水溶液にします。この溶液に水酸化ナトリウム（NaOH）を加えると、複雑な組成ながらウラン含有率60%ほどの粉末が得られます。

これは鮮やかな黄色なので、一般に**イエローケーキ**と呼ばれます。国際的にウランとして商取引されるのはこのイエローケーキです。

●ウランの濃縮

天然に存在するウランは7種類ほどの同位体の混合物ですが、主な同位体は質量数238のウラン238（^{238}U）と質量数235のウラン235（^{235}U）であり、その存在度は^{238}Uが約99.3％、^{235}Uが約0.7％と圧倒的に^{238}Uが多くなっています。

ところが、核分裂を起こして核燃料になるのは^{235}Uのほうなのです。当然の話として、現在世界中で稼働している原子炉は、ほとんどすべてが^{235}Uを燃料に用いるタイプです。

そして、軍事用（原子爆弾の原料用）にプルトニウム（Pu）の生産も目的とする特別用途の原子炉は別ですが、それ以外の平和利用原子炉では、^{235}Uの濃度を数％にまで高める必要があります。これをウランの濃縮と言います。

①ウランの気化

同位体混合物の天然ウランから^{235}Uだけを単離するのは大変に困難な作業になります。同位体は原子番号が同じ元素ですから、化学的性質に違いはありません。したがって化学的な操作で同位体を分離することはできません。有効な手段は同位体を重さの違いによって分けるという物理的、機械的な手段です。つまり遠心分離による分離です。

しかし、それには固体金属のウランを気体にする必要があります。そのために用いるのが、ウランの気体分子、六フッ化ウラン（UF_6）です。イエローケーキをUF_6に変える操作を転換と言います。

転換のためには、イエローケーキを硝酸（HNO_3）で溶かし、その後、硝酸分を除いて三酸化ウラン（UO_3）にします。これを水素で還元して二酸化ウラン(UO_2)にした後、フッ化水素(HF)と反応させて四フッ化ウラン(UF_4)にします。これは緑の固体なのでグリーンソルトと呼ばれます。そして、このUF_4にフッ素(F_2)を反応させると、目的のUF_6が手に入ります。

②遠心分離

ここまでの操作は化学的なものですが、濃縮は機械的で単純なものです。気体のUF_6を遠心分離機にかけると、重い$^{238}UF_6$は周辺部に行き、軽い$^{235}UF_6$は中心部に残ります。とはいうものの、両者の質量数(相対的な重さ)は235と238であり、違いは1%少々です。その違いだけを手がかりに両者を分離するのです。

そのためには遠心分離を繰り返す以外ありません。まず遠心分離機にかけて中心部だけを取り出し、それを再度遠心分離機にかけてまた中心部を取り出す、という単純作業を気が遠くなるほど繰り返すのです。

このようにして濃縮された^{235}Uは「**濃縮ウラン**」と呼ばれ、原子炉の燃料として活躍する華々しいステージが待っています。

図 5-3-2 ● 遠心分離法

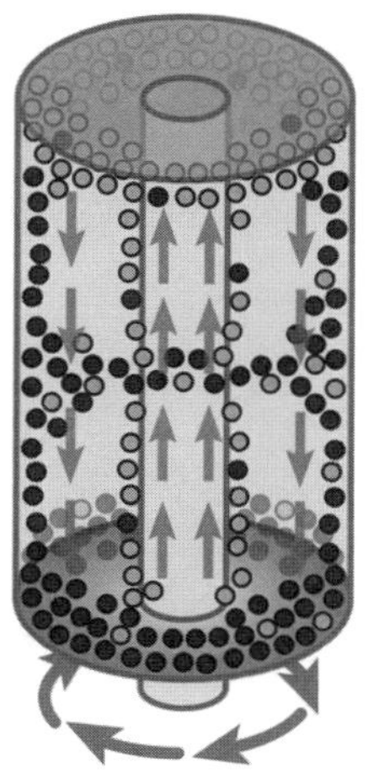

薄い色の丸はウラン235、濃い色の丸はウラン238

●燃料棒はウラン235の塊

気体の六フッ化ウランとして濃縮された^{235}Uは還元されて金属ウランとなった後、酸化されて二酸化ウラン(UO_2)となって、いよいよ原子炉の燃料となります。

しかし原子炉燃料のウランは、ストーブにくべる石炭のように、原子炉の蓋を開けて放り込むものではありません。**燃料体**という厳重で精密な構造物に仕立てられます。

二酸化ウランは直径8mm、高さ10mmほどの黒色のペレットに焼結されます。これがジルコニウム(Zr)の合金であるジルカロイでつくった円筒容器の中に何個も重ねて詰められたものを**燃料棒**と言います。この燃料棒を何本も束ねたものが**燃料集合体**であり、長さ4mほどの四角柱になります。これが原子炉の中に装着されます。

図5-3-3●ウラン燃料の加工工程

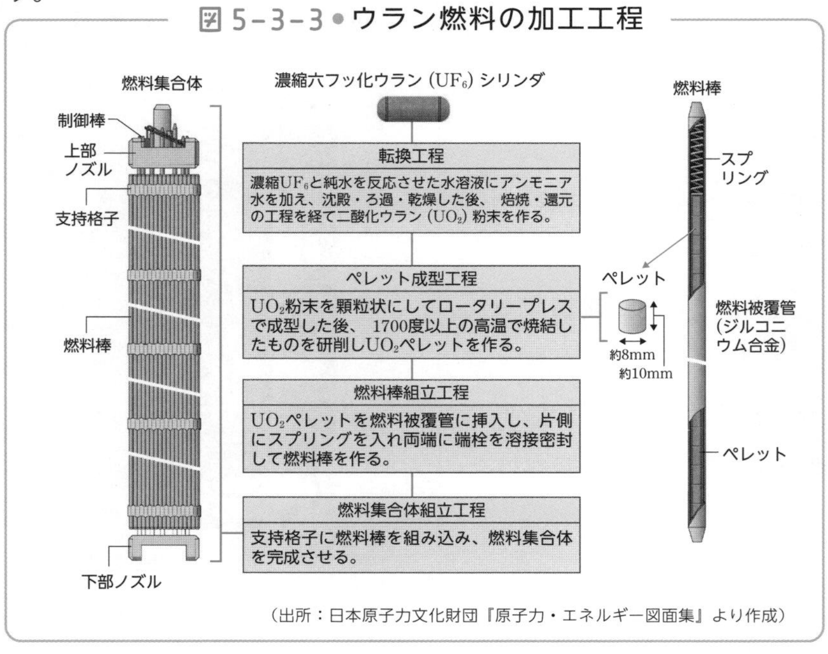

(出所：日本原子力文化財団『原子力・エネルギー図面集』より作成)

げんしりょくの窓

爆弾に使われている劣化ウラン

原子炉の燃料として使うのは^{235}Uだけですが、それ以外のウランも棄てるわけではありません。^{238}Uは後に見るように、将来、高速増殖炉（9－1節参照）ができたら燃料として使うことができる、いわば大切な資源です。

ところが高速増殖炉の実験炉は、「常陽」が破損事故、「もんじゅ」はナトリウム漏れとケチのつきっぱなしです。ということで現在のところ、使いみちはありません。

そのため、取り残された^{238}Uは、あろうことか名前まで「**劣化ウラン**」と呼ばれ、日陰（？）の道を歩むことになります。目下のところの働き場所は何と「弾丸」です。

というのは、ウランは密度が19.1g/cm^{3}と鉄（7.9g/cm^3）に比べて格段に大きく、弾丸にすれば運動量が大きくなって戦車の装甲板をも突き破り、爆弾にすれば地下深く陥入して敵の地下要塞をも砕くからです。そのような理由で、アメリカ軍が湾岸戦争で使用したことがあります。しかし^{238}Uから出る放射性物質が戦場を汚す（汚染する）!?　という指摘もあります。

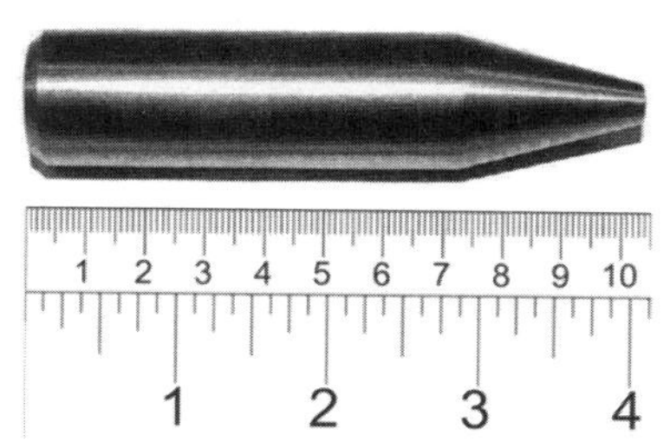

劣化ウランを使用した徹甲弾の弾芯。
（アメリカ軍の30mm機関砲用）

核爆発を抑える制御材の役割
——中性子吸収材

●制御材に使われる元素

先に見たように、ウランの核分裂反応を一定状態に維持する定常反応に落ち着かせるためには、1回の分裂反応で発生する中性子数Nを1に抑えなければなりません。その役目を担うものを**中性子吸収材**と言います。

「発生する中性子」の個数を人間がどうこうすることはできませんが、「発生してしまった中性子」を“闇に葬る”ことは中性子吸収材でできるということです。

元素の中には中性子を吸収する性質の強いものがあるので、このようなものを仕掛け人として原子炉の中に潜り込ませておきます。そして、中性子が多くなりすぎたらそっと吸収して消してしまい、中性子数を調整します。このように、原子炉の中の中性子の個数を適正に制御するものを**制御材**と言います。

制御材の素材には、中性子を吸収する確率の高い元素が選ばれます。

このような素材としてはホウ素(B)、カドミウム(Cd)、ハフニウム(Hf)、イリジウム(Ir)などがあります。よく用いられるのはカドミウム、ハフニウム、およびホウ素と炭素の化合物である炭化ホウ素(CB_4)などです。

●中性子吸収材に吸収された中性子はどうなる?

原子炉関係の施設では、中性子の扱いに注意しなければなりません。そのため、制御材以外のところでも中性子吸収材が活躍します。例えば、ステンレス鋼にホウ素を添加した中性子吸収材は、耐食性と強度が高く、優れた素材です。そのため使用済み核燃料の貯蔵ラック、輸送設備などに使用されます。

カドミウムは、公害で有名な富山県のイタイイタイ病の原因となった物質ですが、現代科学では原子炉の制御材、太陽電池などの最先端技術に使われる重要な原料素材です。

しかし、イタイイタイ病が発生した大正時代や昭和初期には、カドミウムの出番はまだ回って来なかったのです。

中性子吸収材に吸収された中性子は、「物質不滅の法則」によって消えてなくなることはありません。何かの形で残ります。

中性子は吸収材の原子核と原子核反応を起こします。例えば中性子吸収材としてホウ素(^{10}B)を用いた場合の反応を下に示しました。中性子^{1}nは^{10}Bと反応して^{7}Liと^{4}He、つまりα線になります。

$$^{10}B + ^{1}n \rightarrow ^{7}Li + ^{4}He \ (\alpha\text{線})$$

●原子炉で中性子数を制御する制御棒

原子炉で実際に中性子数を制御するのは**制御棒**と呼ばれるものです。これは中性子吸収材でできた棒状の構造体であり、燃料体の中に差し込まれる形でセットされます。

可動式になっており、燃料体の中にどの程度の深さまで挿入するか、細かく制御できるようになっています。深く挿入すれば燃料体内の中性子をたくさん吸収するので反応は抑えられ、反対に引き抜けば反応は激しくなります。

原子炉に不測の事態が生じたときには緊急作動装置が働いて、ただちにすべての制御棒が完全に差し込まれ、核分裂反応は抑えられ、原子炉は完全停止します。

しかし、燃料体の中にできた核分裂生成物は崩壊を続けるので、原子炉は熱を出し続けます。

図 5-4 ● 原子炉圧力容器内の制御棒

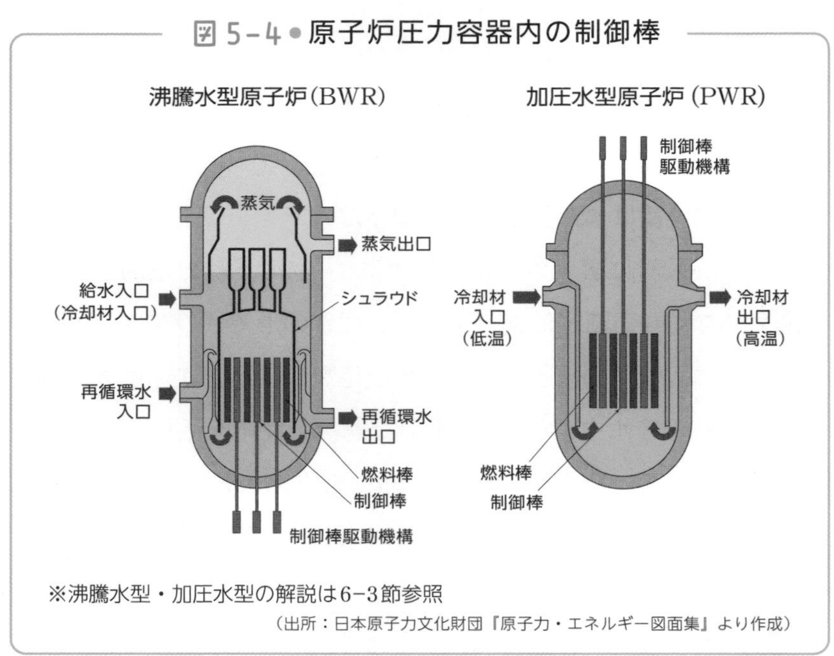

※沸騰水型・加圧水型の解説は6-3節参照

（出所：日本原子力文化財団『原子力・エネルギー図面集』より作成）

5-5 中性子の速度を抑える減速材の役割

―― 減速材に適した素材

中性子は電荷も磁性も持っていません。言ってみれば小石のようなものです。原子炉の中ではこの小石のような中性子が飛び交って、原子核に衝突しようとしているのです。

●速い中性子と遅い中性子

核分裂で生じたばかりの中性子は、運動エネルギーをタップリと持っています。中性子の質量はすべて同じですから、運動エネルギーの大小は速度になって現れます。

①中性子の速度

核分裂で発生したばかりの中性子は、秒速2万km、つまり光速の10分の1程度(光速＝秒速30万km)というとんでもない速度で飛び回るので、**高速中性子**と言われます。

一方、この中性子も時間がたつと互いに衝突したり、他の物体と衝突したりしてエネルギーを失い、速度も秒速2.2kmと遅くなってきます。

それでも新幹線の30倍ほどの速さですが、このような中性子を

低速中性子(**熱中性子**)と言います。

②中性子の速度と核分裂

ウラン原子の集合体であるウラン塊に中性子が飛び込んだとしましょう。

高速中性子の場合、わき目もふらずに塊の中を突っ走り、そのまま塊を素通りしてしまいます。前述した東京ドームとビー玉の関係にある原子核に衝突する確率は、どう考えても大きくはありません。高速中性子は核分裂を起こさせるものとしては、ふさわしくないと考えていいでしょう。

それでは低速中性子の場合はどうでしょう?

低速中性子の場合は、速度が遅いだけではありません。速度が遅いと、中性子と原子核の間の引力が意味を持ってきます。

すなわち、ウインドウショッピングをする若者があちこちの店を覗き見するようなもので、軌跡は複雑になります。これは、いずれどこかで何かを見つけて衝動買いをするかもしれないことを意味します。

というわけで、低速中性子は核分裂を起こす確率が高いことになります。これを「**核反応断面積**」という言葉を用いて、「^{235}Uは高速中性子に対するより、低速中性子に対して大きい核反応断面積を持つ」と、大変に難しく表現します。

要するに反応しやすいかどうかという話です。

●中性子の速度を下げる

核分裂で発生したばかりの中性子は運動エネルギーをタップリ

持った高速中性子であり、^{235}Uとの反応性は高くありません。反応性を高めるためには速度を落とさなければなりません。

物体の運動速度を落とすには、その特性に応じた方法があります。自動車ならばブレーキをかけます。電荷を持っているものならば静電引力で引っ張るか、静電反発で押し返すことができます。磁性を持っているものも同じです。

①衝突による減速

ところが、中性子は電荷も磁性も持っていません。小石のようなものです。このような物体の速度を落とすにはどのようにすればいいのでしょう？

それには、他の物体に衝突させる以外ありません。しかし、衝突させる相手は何でもいいとはいきません。

ボールを黒板にぶつけて（衝突させて）みましょう。ボールは減速されません。そのままの速度で跳ね返るだけです。

このように飛んでいる物体（中性子）よりはるかに質量の大きい

図 5-5-1● 中性子が物体に衝突すると……

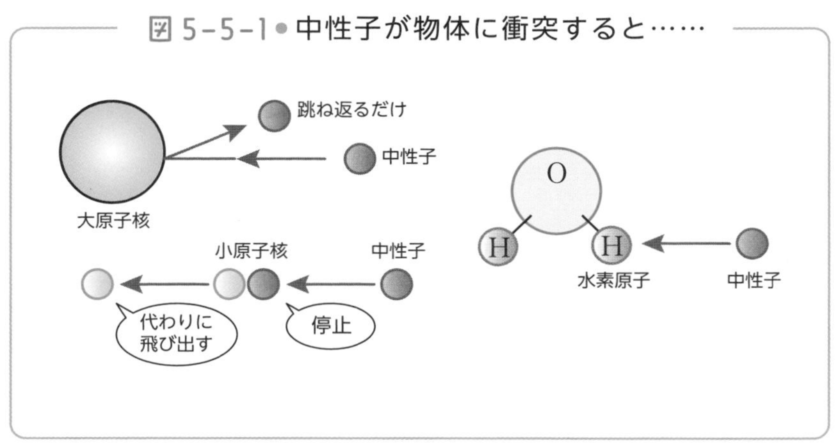

(重い)障害物に衝突させても、物体の速度は落ちません。

物体の速度を効果的に落とすためには、物体と同じ質量の障害物に衝突させる必要があります。

すると、理想的な場合には物体は停止し、代わりに衝突された障害物が飛び出していきます。

②水素との衝突

このように考えると、中性子を衝突させる物体は原子番号の小さい原子、すなわち周期表の最初のほうの原子がいいことになります。

図 5－5－2 は、秒速 2 万km の高速中性子の速度を、秒速2.2km の低速中性子(熱中性子)にするためには、何回の衝突を繰り返せばいいかを表したものです。

中性子の238倍の質量を持つ^{238}Uに衝突させた場合には2172回の衝突が必要ですが、中性子と同じ質量の水素(H)の場合にはわずか18回の衝突ですみます。軽いものがいかに有利かがわかります。

このようなものとしては水素(H)、ヘリウム(He)、リチウム(Li)、ベリリウム(Be)、ホウ素(B)、炭素(C)などが候補として挙

図 5-5-2 ● 中性子のスピードを抑える

元素名	質量数	中性子のスピードを2万km/秒から2.2km/秒にするのに必要な衝突回数
水素 (H)	1	18
重水素 (D)	2	25
ヘリウム (He)	4	43
ベリリウム (Be)	9	86
炭素 (C)	12	114
ウラン (U)	238	2172

(参考:http://www.geocities.co.jp/Technopolis/6734/sikumi/gensokuzai.html)

げられます。

これらのうち、リチウムとホウ素には中性子を吸収する作用があるため、減速材には向きません。ベリリウムは高価すぎます。そこで残った水素とヘリウムと炭素が候補となります。

しかし、ヘリウムは常温では気体なので、原子の密度が小さくて中性子が素通りしてしまいます。それに対して水素の場合は、水素分子は気体ですが、酸素と化合させて水にすれば液体になります。

ということで、結局、液体の水と固体の炭素(黒鉛、カーバイド)が適しているということになります。

●減速材としては水が一番

減速材の優劣は衝突回数だけで決まるものではありません。減速材は中性子の速度を落とすのが役目であり、中性子を吸収してはいけません。

図 5−5−3 を見てください。いくつかの物質の**中性子吸収断面積**が示してあります。

水素は意外と中性子を吸収します。それに対して吸収しにくいの

図 5−5−3 ● 中性子吸収断面積の比較

名前	水素(H)	重水素(D)	水(H_2O)	重水(D_2O)	炭素(C)
吸収断面積(b)	0.332	0.0005	0.664	0.0010	0.0034

(参考:http://www.geocities.co.jp/Technopolis/6734/kisogenri/gensokunoseisitu.html)

は重水素(D)です。

水素、重水素のいずれにしろ、気体のままでは密度が低くてどうにもならないため、酸素と化合させて水として使うことになります。水素からつくった普通の水(H_2O、特に**軽水**と呼ぶことがあります)と重水素からつくった**重水**(D_2O)では、重水のほうが中性子吸収断面積が小さいことがわかります。

つまり、最も優れた減速材は重水で、次は、ホウ素などを含まない純粋な炭素であり、3番目が水になります。

しかし、重水素は天然では水素の0.015%しかなく、採取が大変です。さらに次に見る冷却材としても使用できることから、水が一番適していると考えられています。

5-6

水が一石二鳥の冷却材になる

―― 軽水炉

原子力発電装置は、原子炉と発電機から成り立っています。

発電機は火力発電や水力発電のものと同じです。火力発電がボイラーでつくったスチーム(蒸気)で発電機のタービンを回すのとまったく同じように、原子力発電では原子炉でつくったスチームでタービンを回します。

●冷却材の候補にはどんなものがあるか

原子炉で発生した熱を外部の発電機に伝える物質を、一般に**熱媒体**と言います。

熱媒体はまた、熱くなった原子炉を冷やす働きもすることになるので、原子炉の場合には一般に**冷却材**と呼びます。

冷却材はある程度の熱蓄積性(比熱)と流動性があれば何でもいいことになります。

一般の機器における熱媒体としては水(水素と酸素の化合物)、油(水素と炭素の化合物)といった化合物、低融点金属(ハンダのような合金)などが用いられます。

原子炉の場合も同じです。しかし、原子炉の場合は設備が大きく、複雑です。しかも熱媒体は大量の熱を効果的に運ぶために相当な速度で流動することになります。

常識的に考えて、あまり重い(密度が大きい)ものは配管を厚くせざるを得ず、現実的ではありません。また、火災の心配のあるものも好ましくありません。

●減速材との兼用になる水

このように考えると、あまりに常識的で面白くはありませんが、最適な熱媒体、つまり冷却材は水(H_2O)、あるいは重水(D_2O)ということになります。特に、中性子を吸収することの少ない重水が適していると言えます。

しかし、重水素は資源も少なく高価です。ということで、多くの場合には普通の**軽水**(H_2O)が冷却材に採用されます。しかも水の場合はその水素原子が中性子に対する減速材として働きますから、一石二鳥ということになります。

このように**軽水を冷却材に用いた原子炉を軽水炉**と言います。

しかし、原子炉の中には冷却材が水ではないタイプもあります。そうはいっても、発電機を回す熱媒体は水(水蒸気)ですから、このような場合には、原子炉内の熱を運び出す冷却材を一次冷却材、発電機を回す冷却材(水)を二次冷却材として、間に熱交換器として蒸気発生器を置き「軽水の水蒸気」をつくって発電機を回すことになります。

図 5-6 ● 軽水炉（沸騰水型炉）の仕組み

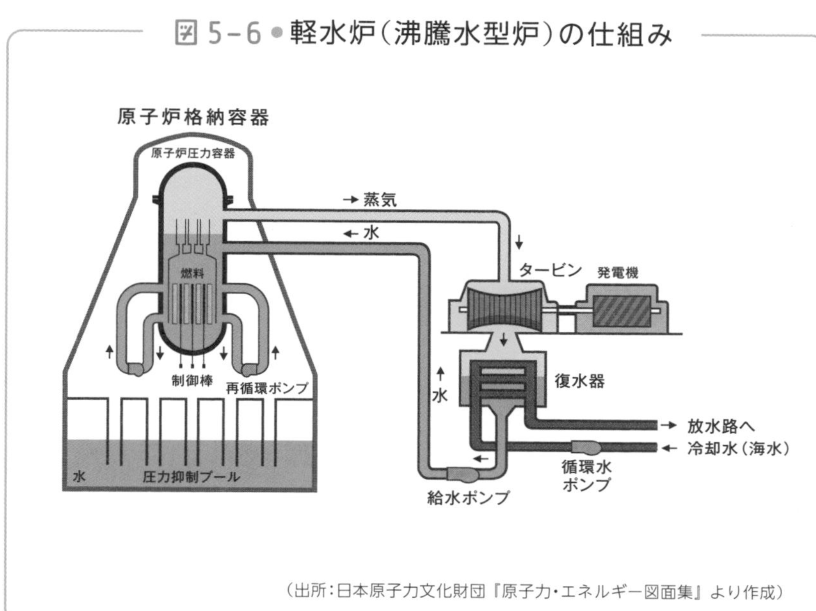

（出所：日本原子力文化財団『原子力・エネルギー図面集』より作成）

第6章

原子炉の内部を分解してみる

6-1 原子炉格納容器内はどうなっているか

――原子炉・格納容器・熱交換器

前章までの話で原子力発電の仕組み、および原子炉の原理を見てきました。

ここではその原理にしたがって原子炉が実際にどのように組み立てられて、どのように運転されるのかということについて見ていくことにしましょう。

●原子力発電は危険と同居している

原子力発電施設は巨大なエネルギーを生産する便利な施設ですが、同時に弱点もあります。その弱点とは危険性ということです。

原子力発電が生産するものはエネルギー、すなわち電力だけではありません。

エネルギーと同時に**核分裂生成物**をも生産するのです。そしてその核分裂生成物は強い放射能を持った放射性物質であり、強い放射線を放出するということです。

そのため原子炉では、放射性物質はもとより、放射線も決して外部に漏れ出ることのないようにしなければなりません。原子炉内の放射性物質や放射線が外部環境に漏れ出すことのないようにブロックする装置を一般に**遮蔽装置**と言います。

遮蔽装置は何重にもなっており、大きく圧力容器と格納容器に分けることができます。

そのほか原子炉にはいろいろな部材があり、さまざまな素材が使われています。

それでは原子炉全体は、これらの部材をどのように組み立ててできているのでしょうか。

図6−1に示したのは、これ以上簡単にできないほどに簡単にした原子炉格納容器内の概念図です。

図6−1●原子炉格納容器内の概念図

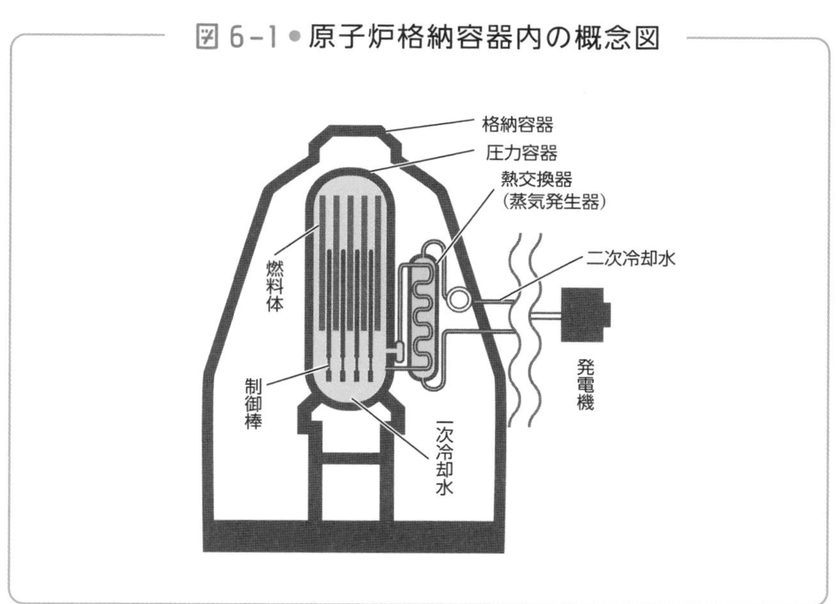

●原子力発電の心臓部である圧力容器

圧力容器というのは、燃料体ウラン235（^{235}U）、制御棒（中性子吸収材）、減速材兼冷却材（水）を入れた容器です。一般に原子炉と呼ばれる部分であり、原子力発電施設の心臓部とも言うべき部分です。

燃料体は燃えた分が危険な**核燃料廃棄物**になっていますし、その周囲にも燃料体から漏れ出した放射性物質が充満しています。このような物質が外部環境に漏れ出しては大変なことになります。

そこで、これらの原子炉の中心部材になるものを収納する圧力容器は、決して壊れることのない“超”頑丈な容器でなければなりません。そのため耐圧、耐熱、耐放射線を兼ねる容器ということで、厚さ15～30cmの鍛造ステンレス鋼でできた高耐圧構造になっています。

同じ軽水炉でも、形式が後に見る**沸騰水型**か**加圧水型**か（6－3節参照）によって求められる耐圧性能は異なり、沸騰水型で90気圧、加圧水型で175気圧以上に耐えることが要求されます。

圧力容器の形は円筒形に近く、容器の上部は蓋になっており、容器本体とはボルトで留められているので、取り外しが可能になっています。

①燃料体

原子炉の中央にあるのが**燃料体**です。ウラン235でつくった二酸化ウラン（$^{235}UO_2$）を焼結したペレットの集合体で、容器はジルコニウム合金でできています。核分裂を行なう本体です。

②制御棒

燃料体の間に挟まっているのが**制御棒**です。

制御棒は原子炉に何事かがあったときには燃料棒の間に奥深く入

り込まなければならないものです。したがって、燃料体の上部に置いて、いざというときには重力で落下するようにしたほうがいいように思えます。

しかし、燃料体の交換とか各種の配管とかの都合で、下から差し込む形になっているものが多いようです。

③減速材

燃料体の核分裂で発生した高速中性子を、速度を落として低速中性子にする素材です。重水(D_2O)や炭素(黒鉛、グラファイト)を用いるタイプもありますが、日本の原子炉はすべて普通の水、軽水(H_2O)を用いる軽水炉です。

④冷却材・熱媒体

熱くなった炉心を冷やし(**冷却材**)、炉心の熱を発電機に伝える(**熱媒体**)素材です。原子炉の形式によって軽水、重水、二酸化炭素(CO_2)などを用いるものがあります。

日本の商業用原子炉はすべて軽水を用いる軽水炉ですが、原子炉内の冷却水を沸騰させるか否かで、沸騰水型と加圧水型があります。図 6−1 に示したのは水を沸騰させない加圧水型です。

●放射線漏れを防ぐ砦としての格納容器

核分裂で発生した放射線のうち、γ線や中性子線の中には圧力容器を通ってしまうものもあります。そのようなものは外部環境の大気と原子核反応を起こして、大気成分を放射性物質に変えてしまうものもあります。

そこで、そのようにして発生した二次的な放射性物質や、それらが放出する放射線を閉じ込めるものが必要になります。それが**格納容器**です。格納容器は厚さ数cmのステンレス鋼と厚さ数mのコンクリートからできています。

格納容器は巨大な建造物であり、宮城県女川（おながわ）原子力発電所の場合、円筒部の直径は23m、高さは37mあります。

日本の原子炉はこのように圧力容器と格納容器の二重構造になっています。圧力容器が破壊されることはあってはならないことですが、格納容器も同様です。ここはいわば原子炉の聖域のようなところです。

しかし、1986年に大事故を起こしたソビエト連邦共和国(現ロシア)のチェルノブイリ原子力発電所の原子炉は圧力容器だけで、格納容器は持っていませんでした。

女川原子力発電所の3号機原子炉格納容器。

原子炉の模型。

（出所：東北電力）

●放射性物質の漏出を防ぐ熱交換器

冷却材(熱媒体)は、原子炉の内部に入って燃料体の周囲を回ってその熱エネルギーを外部に運び出すものです。この際、熱だけでなく放射性物質までも運び出す可能性があります。そこで加えられた装置が**熱交換器**です。

原子炉内では、循環する冷却材(一次冷却水)と、発電機のタービンを回す水(二次冷却水)を分離します。

熱交換器は前者の「熱だけ」を後者に渡す装置です。このおかげで、タービンを回す水に放射線の漏出を心配する必要はなくなります。

新聞に時折、原子力発電所で二次冷却水に関する事故が起こったというニュースが載りますが、二次冷却水は原則的に放射線に汚染されていないことになっています。

ほかに電気を発生する部分である発電機もありますが、これは本質的に火力発電用、水力発電用のものと同じです。

放射線事故を起こさないための付属施設の役割

——使用済み核燃料貯蔵プール・外部電力

原子力発電施設にあるのは、原子炉と発電機だけではありません。原子炉を稼働し、保守するための付属施設があります。

●使用済み核燃料保存プールの役割

そのような施設の中で最も重要なのは、**使用済み核燃料**を一時保管するための貯蔵プールです。使用済み核燃料というのは、核燃料が燃えてしまった後の、燃え残り、つまり木炭で言えば燃え残りの白い灰に相当する部分です。

①放射線漏れを防ぐ

しかし使用済み核燃料は、このような灰とはだいぶ違います。というのは、この中には「新しい燃料」が混じっているからです。新しい燃料というのは、後に高速増殖炉の節で詳しく見る**プルトニウム239**です。

また炭の場合の灰に相当する部分は、ウランが核分裂して生じた新しい放射性元素です。

これらは“放射性”元素ですから、当然、原子核崩壊を起こして、安定な原子核に変化していきます。その際に放出される放射線が外部環境に漏れ出したら大変なことになります。

特に中性子は漏れ出しやすい上に毒性も高いので、厳重な注意が必要です。

中性子の**遮蔽**のためには厚さ数mの鉛板が必要ですが、幸いなことに水で遮蔽することができます。そのため、使用済み核燃料は水を張ったプールに保管されます。

②中性子の速度を落とす

使用済み核燃料は、原子核崩壊の過程で熱エネルギーを放出します。このエネルギーは、核燃料が正規に燃えた場合のエネルギーの3％に達すると言いますから、かなりの熱になります。

使用済み核燃料は日本の場合、当分の間、原子力発電施設内で保管することになっていますが、このような危険な発熱体を野積みにしておくわけにはいきません。発熱後、後に見るように水素爆発を起こすと放射性物質を飛び散らし、取り返しのつかない大事故になります。

そうならないためには、冷却水で満たしたプールの中に厳重に保管しなければなりません。

つまり、使用済み核燃料を冷却水プールに保管するのは、冷却という目的のほかに、水が中性子の速度を落とすためにいい遮蔽材になるという2つの目的があるからです。

使用済み核燃料貯蔵プール。

●低レベル汚染物保存施設

原子力発電施設では、使用済み核燃料のような超危険物だけでなく、低レベルの放射線によって汚染されたいろいろな細かいものも出てきます。例えば、実験や作業に使った手袋、白衣、ゴーグル、ちり紙のような雑多なものです。

これらは汚れが少ないからといって、他の普通のゴミと一緒に処理するわけにはいきません。

これらは専用のドラム缶に入れて、アスファルトと一緒に封函しなければなりません。そして所定の場所に保管することが義務づけられています。

●原発事故を防ぐ外部電源の必要性

これらの保管施設を含めた発電施設を円滑に管理するためには、電力が必要です。もちろん肝心の原子炉の中の冷却水を低温にし、循環させるためにも電力が必要です。

原子力発電施設なのだから、そのような電力は自分で発電した電力を使えばいいだろう､と思うかもしれませんが､そうはいきません。

原子炉が正常に動いているときはそれでもいいでしょう。しかし、原子炉に異常が起きて、原子力発電が停止したらどうなるでしょう？

原子炉内の核燃料は、運転を止めても、燃料体の中に溜まった放射性元素が原子核崩壊を繰り返して発熱を続けます。

放っておいたら、冷却水が蒸発し、水蒸気の圧力で原子炉が故障するかもしれません。

燃料体は自分の出す熱で高温になって、融けて**メルトダウン**を起こすかもしれません。また使用済み核燃料は、原子炉の稼働と関係なく発熱を続けます。

使用済み核燃料貯蔵プールの冷却システムが停止したら、使用済み核燃料は発熱を続け､冷却プールの水は沸騰して蒸発､乾固します。

それでも使用済み核燃料は発熱を続け、ついには赤熱するほど過熱します。そこに水が触れたら燃料体被覆材（ひふくざい）の金属と水が反応して水素ガスを発生し、高温のために水素に火がついて水素爆発を起こしてしまいます。

そうなったら危険な放射性物質を周囲にまき散らすことになります。

こういうことを避けるために、原子力発電所では外部電源、つまり原子力以外の発電所からの送電、あるいは自家発電機を備えておかなければならないのです。

げんしりょくの窓

水素爆発はどうして起こる?

使用済み核燃料が過熱すると、水素爆発が起こります。その理由を考えてみましょう。

私たちは、紙や植物は燃えるもの、金属は燃えないもの、と思いがちですが、そんなことはありません。燃えるということは、物質が酸素と反応して酸化物になることです。鉄が錆びるのは鉄が酸素と反応して酸化鉄になることであり、これは燃焼の一種と言ってもいい反応です。

中学の理科か高校の化学の時間に、酸素を溜めた広口瓶にスチールウールを入れて、マッチで火をつける実験をした経験はありませんか?　瓶の中の鉄は激しく火花を散らして燃えました。

それと同じように、多くの金属は高温になると酸素と反応して燃えます。そして、ある種の反応性の激しい金属Mは高温になると、水と反応して金属酸化物(MO)とともに水素(H_2)を発生します。

$$M + H_2O \rightarrow MO + H_2$$

水素は可燃性、爆発性の気体です。高温の金属に触れると爆発(水素爆発)を起こします。これが福島第一原子力発電所で実際に起こった水素爆発のメカニズムです。

高温になった使用済み核燃料に、プールに残った水がかかったらこの反応が起こるのです。

分類の仕方でいろいろある原子炉の種類

―― 中性子・減速材・冷却材

ここまでは、日本で用いられている、減速材・冷却材として水(軽水)を用いる軽水炉を中心として説明してきました。

しかし原子炉の種類はたくさんあります。ここでは、燃料としてウランを用いる原子炉を中心に、どのような種類があるかを見ていきましょう。

●中性子の速度に基づく原子炉の分類

①熱中性子（低速中性子）

原子核分裂で生じた高エネルギーで高速の中性子を、減速材で低速にしたものを**熱中性子(低速中性子)**と言います。熱中性子を用いる原子炉は一般に**熱中性子炉**と言われ、一般的な商業用原子炉がこれに相当します。

②高速中性子

高速中性子を用いるものとしては、プルトニウムを燃料とする高速増殖炉がありますが、ウランを燃料とする**高速炉**と言われるものもあります。高速中性子は、普通の原子炉から出る核分裂廃棄物に混じる超ウラン元素を核分裂させる力が大きいので、**高速炉は将来、放射性廃棄物の燃焼用原子炉に使える**ものとして注目されています。

③熱中性子・高速中性子が使える

このほかに熱中性子、高速中性子の両方を使える原子炉も開発されています。これは**低減速炉**と言われ、トリウムを含めた各種超ウラン元素を燃料として使うことを目標にしていますが、まだ実用化には至っていません。

●減速材による原子炉の分類

①軽水炉

減速材として通常の水(軽水)を用いるものであり、普通は減速材が冷却材を兼ねます。軽水は中性子吸収断面積が大きいため、濃縮ウランを用いて、発生する中性子の数を増やす必要があります。

②重水炉

減速材として重水を用いるものです。重水は軽水に次ぐ減速能力を持つ反面、中性子吸収断面積は小さいです。そのため重水炉では濃縮していない天然ウランをはじめとして、多様な放射性物質を核燃料として用いることができます。

③黒鉛炉

減速材として黒鉛(グラファイト)を用いるものです。構造が簡単なため設計・建築が容易な反面、発電効率が落ちます。しかし、プルトニウム239の生成効率が高いことから、核兵器用プルトニウム製造のための軍事用原子炉としてよく使用されています。

冷却材には二酸化炭素などの気体が用いられます。

●冷却材による原子炉の分類

①軽水

軽水が減速材と冷却材を兼ねる炉と、軽水は燃料の冷却のみに用いられて、減速材には黒鉛などを用いる炉があります。

②重水

重水が減速材を兼ねていることが多いです。

③ガス（二酸化炭素、ヘリウム）

水と異なり、ガスは圧力をあまり高めなくても高温にすることができるため、初期の原子炉では二酸化炭素が冷却材として用いられました。反面、密度が小さく熱運搬能力に乏しいため、ガス炉による商用発電は経済性に劣り、商用発電炉の主流は軽水炉に代わりました。

ヘリウムは、現在、研究・開発中の1000℃を超える高温をつくることのできる**高温ガス炉**の冷却材として研究されています。また高速増殖炉の冷却材としても検討されています。なお、日本に初めて導入された原子炉はイギリス製のガス冷却炉でした。

④溶融金属（ナトリウム、鉛･ビスマス合金）

溶融金属は常圧で高温を得られると同時に、熱運搬能力に優れた流体であるため、配管を耐圧とする必要がなく原子炉全体を小型軽量化できます。そこで艦船の動力用原子炉として使用されていましたが、金属を流体の状態に保つための高温の維持に苦労が多く、採用はごく少数に留まりました。

ナトリウムは水より軽い(比重が小さい)ので、初期の原子力潜水艦の冷却材として採用されていました。しかし、ナトリウムは水と激しく反応するため、ソビエト連邦共和国(現ロシア)のアルファ級などでは低融点の鉛・ビスマス合金(スプリンクラーヘッドなどに使用されている)を冷却材とする原子炉が採用されました。

ナトリウムは中性子を減速することがないため、高速増殖炉の冷却材として検討されています。また鉛・ビスマス合金も高速増殖炉冷却材としての使用が検討されています。

●冷却材の状態による分類

日本の原子炉では、冷却水の扱い方に沸騰水型と加圧水型の 2 通りがあります。

沸騰水型(BWR)は、アメリカのゼネラル・エレクトリック社より技術導入した原子炉で、東京、東北、中部、北陸、中国の電力会社が採用し、国内に35プラント(建設中・廃止を含む)が建設されています。

一方、**加圧水型**(PWR)はアメリカのウェスティングハウス社によって考案された原子炉で、北海道、関西、四国、九州などの電力会社が採用、国内に24プラントが建設されています。現在、**世界の発電用原子炉のうち、約7割を加圧水型が占めています。**

沸騰水型は、原子炉内の冷却水を直接沸騰させ、発生した蒸気でタービンを回して発電を行ないます。それに対して加圧水型は、原子炉内の冷却水（一次冷却水）を約320℃に熱し、その熱を蒸気発生器を介して別系統の水（二次冷却水）に伝えて沸騰させ、生じた蒸気でタービンを回して発電を行ないます。

加圧水型は冷却系統が2系統に分かれている分、構造が複雑になり、プラントも大きくなりますが、万一の事故時には放射性物質を含んだ一次系の水を原子炉格納容器内に確実に閉じ込めることができると言われます。

図6-3● 沸騰水型原子炉と加圧水型原子炉

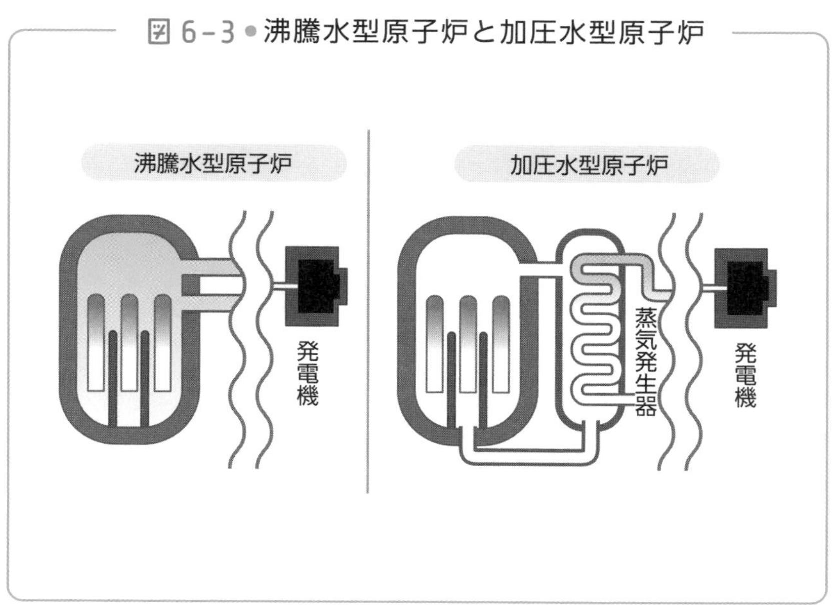

げんしりょくの窓

原子と元素は何が違う？

化学の話の中で「原子」という言葉と「元素」という言葉が出てきますが、違いは何でしょう？ 実はこの 2 つの言葉の使い分けは気にすることもないのですが、気になると言えば気になります。

簡単に言えば、原子というのは物質を指すときに使います。それに対して元素は、種類を指すときに使います。

個人を意識するときには「A君」「Bさん」と呼びますが、そうでなく集団全体を考えるときには「日本人」とか「アメリカ人」と言うのと同じような感覚です。

本書では同位体については解説しましたので、それを使って説明するとわかりやすいでしょう。

水素を考えるときに、すべての同位体(^{1}H、^{2}H、^{3}H)をまとめてとらえる場合には「水素元素」です。そうでなく、3 種の同位体を区別して見る場合には、3 種の「原子」になります。

このような違いは化学ではよくあります。「同位体と同素体」「単体と化合物と分子」、それぞれの違いはわかりますか？ もしあやふやだったら図書館で調べてみましょう。

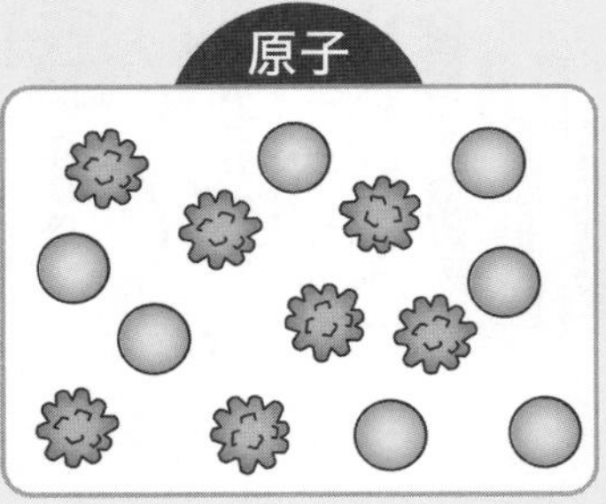

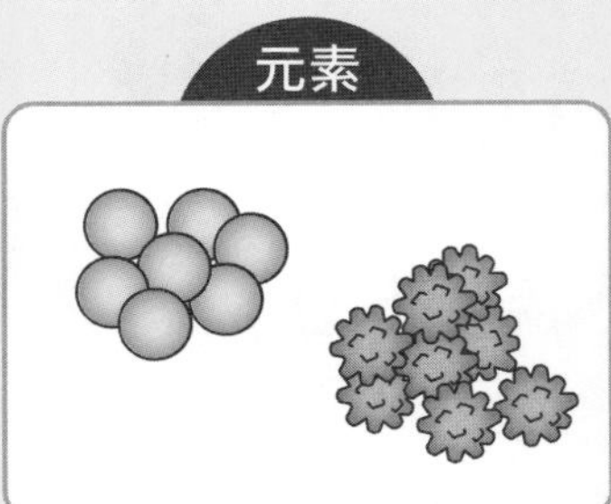

第7章

原子力発電は環境とどう関わるか

7-1

必ず発生する使用済み核燃料とどう向き合うか

—— 保管と廃棄

●どのように保管し、廃棄するか

80年ほどの歴史を持つ原子力発電は、その歴史の中で栄枯盛衰を繰り返してきました。現在は脱炭素化の要請によって盛んになる要因と、事故を懸念して衰退する要因がないまぜになっています。

原子力発電の問題点は、事故のほかに放射性物質の保管と廃棄があります。

原子炉は巨大なエネルギーを生産する施設ですが、いったん事故が起きると、環境に重大な被害を与えてしまいます。ここでは、原子炉と環境の関係について考えてみることにしましょう。

原子炉には長所もありますが、短所もあります。短所の多くは**核分裂生成物**に関連するものです。

ウラン235（^{235}U）が核分裂すれば、核分裂生成物として不安定な放射性原子核が発生します。これはどうしようもないことです。

核分裂の後には、これらの核分裂生成物が燃料体中においてウラン235（^{235}U）にとって代わります。**これらをどのように保管し、廃棄するかが使用済み核燃料問題**であり、頭の痛い課題です。

原子炉は危険なものというイメージがあります。それは間違いではないでしょう。危険だから、万が一にも事故を起こさないようにという考えが一番大事なことです。

●核燃料の燃えカスである核燃料廃棄物の特徴

ところで、原子炉で危険なのは何でしょうか？　もちろん、燃料のウランは原子爆弾の爆薬にもなるものですから、安全なものであるはずはありません。ただ自然界にあるものですから、それほど危険でもないとも言えるでしょう。

しかし、その燃えカスは“超”危険なものの集まりです。炭が燃えると熱を出し、後に燃えカスの灰が残ります。原子炉も同様で、核燃料が燃えると熱を出し、後に燃えカスとして**核燃料廃棄物**が残ります。

炭と核燃料の違いは、この燃えカスの違いにもあります。炭の燃えカスの灰は冷たくて、大した役にも立たないので庭に撒いて肥料の足しにします。灰は土壌中和剤、カリ肥料になります。

①使用済み核燃料の組成

図 7−1−1 は、燃える前の燃料(新燃料)と使用済み核燃料の組成を比べたものです。新燃料 1 トンには45kgの^{235}Uが入っています。このうち10kgは未反応で、残り 6 kgは中性子を捕獲したまま分裂せず、ウラン236 (^{236}U)となります。結局、核分裂するのは29kgだけとなります。

ウラン238 (^{238}U)の一部の27 kgはプルトニウム239 (^{239}Pu)となりますが、そのうち17kgが核分裂して核分裂生成物となります。したがって核分裂生成物の総量は46kgとなります。

結局、核反応による生成物は核分裂生成物46kg、プルトニウム10kg、それとマイナーアクチノイドと呼ばれる不安定原子核 1 kgということになります。

図 7-1-1●新燃料と使用済み核燃料の組成比較

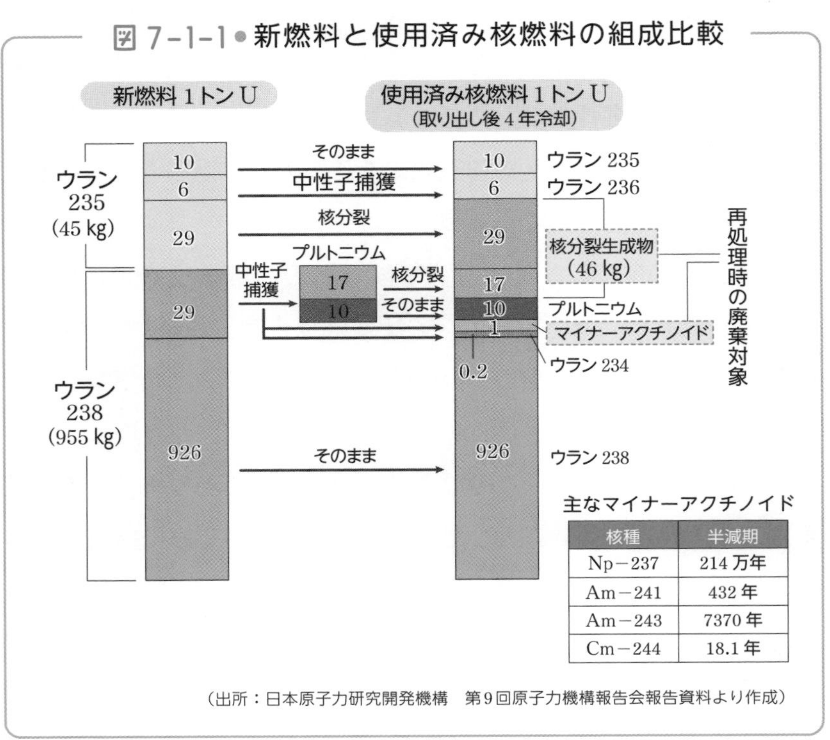

核種	半減期
Np−237	214 万年
Am−241	432 年
Am−243	7370 年
Cm−244	18.1 年

(出所：日本原子力研究開発機構　第 9 回原子力機構報告会報告資料より作成)

②核分裂生成物の種類と危険性

核分裂生成物の種類は雑多で、その質量数分布は図 7−1−2 のグラフに示した通りです。

中でも、大量に放出されるので検出されやすいものとしてストロンチウム90 (^{90}Sr)、ルビジウム96 (^{96}Rb)、ヨウ素131 (^{131}I)、セシウム137 (^{137}Cs)などがあります。

グラフで質量数100近辺と135の近辺にピークがあるのは、これらの核種に相当しています。これらは原子炉などで放射線漏れ事故があると、真っ先に検出される核種です。いずれも体に取り込まれて内部被曝の原因になり得る物質であるため、危険なので注意が必要です。

図 7-1-2 ● 核分裂生成物の質量数分布

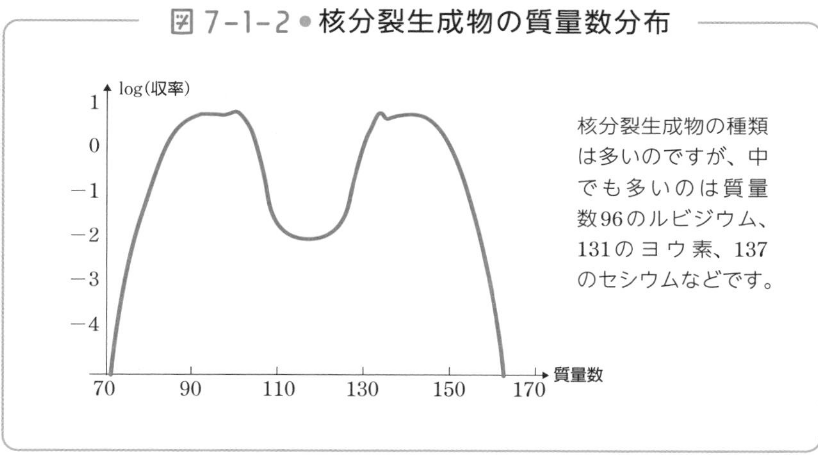

③使用済み核燃料の発熱

炭が燃えてできる灰は、時間がたつと冷たくなり、その先変化することはありません。しかし使用済み核燃料はまったく違います。できたときに熱いだけでなく、自分で熱を出してさらに熱くなっていくのです。

使用済み核燃料は放射性物質の塊です。できたてほやほやで不安定な放射性物質は、盛んに放射線を放出して、より安定な原子核(これもまた放射性物質)に変化(**原子核崩壊**)するのです。この熱を**崩壊熱**と言います。

核分裂で発生する(いわば表の)発熱量に対して、この(裏の)発熱量は3%に達すると言いますから、半端ではありません。

7-2 使用済み核燃料の再処理はどうすれば安全か

―― 再処理と廃棄

使用済み核燃料は何年かたって冷えたら、その先はどうなるのでしょうか？　冷えてはいても、それは放射線の量が減っただけの話で、放射線を出し終えたわけではありません。相変わらず危険なままです。

●使用済み核燃料をどう処理するか

①使用済み核燃料の用途

使用済み核燃料は**核分裂生成物**の集合体ですから、多種類の放射性原子核が含まれています。これらの中には危険ではあるけれど、同時に有用という物質も含まれています。

主なものとして、コバルト60（^{60}Co）、セシウム137（^{137}Cs）は医療用β線源、およびγ線源として利用され、テクネチウム99m（^{99m}Tc）やヨウ素131（^{131}I）も放射線医療用に用いられます。

しかし、代表的なものはプルトニウム239（^{239}Pu）です。プルトニウムは自然界には存在しない人工元素であり、**超ウラン元素**と呼ばれるものの一種です。

プルトニウムはウランと同じように核分裂を行なってエネルギーを出します。ですからウランと同じように原子炉の燃料として使うことができます。

それだけでなく、将来、高速増殖炉が実用化されたときには欠かせない燃料になります。

②燃料の再処理

ですから、使用済み核燃料からプルトニウムを取り出したほうが経済的にも資源的にも有利ということになります。

使用済み核燃料からプルトニウムを取り出す操作は、化学的な手段で行なわれます。

すなわち、使用済み核燃料の燃料体からウランペレットの部分だけを取り出し、硝酸(HNO_3)などの酸で溶かして溶液とし、そこからプルトニウムだけを抽出するといった化学的操作で分け取ります。この操作を燃料の「**再処理**」と言います。

③廃棄

プルトニウムなどの有用成分を抽出してしまった後の使用済み核燃料、要するに抽出の残りカスである抽出残渣(ざんさ)(**核のゴミ**)は、不要物として廃棄することになります。この廃棄はかなり頭の痛い問題です。

残渣といっても大きな放射能を持った物質の集合です。放射線を出し続けています。放射線が漏れ出しては大変なことになります。永久に放射線の漏れ出す恐れのない場所に廃棄しなければなりませんが、そのようなところとはどこなのでしょう？

●原子炉関係廃棄物はどこに保管するのか

一般家庭からは毎日ゴミが出ます。原子炉が稼働したら、使用済み核燃料が出ます。原子炉そのものでなくても、原子炉関連施設が稼働すれば、放射能汚染された（放射性物質が付着した）廃棄物が出ます。

①使用済み核燃料の半減期

図7－2－1は使用済み核燃料に含まれる核種の半減期です。約60％は放射能を持たない、要するに原子核崩壊をせず、放射線を出さない安定核種です。

そして40％ほどが半減期100億年から100年程度のものです。半減期100年以下のものは数％ほどとなっています。

図7－2－1●使用済み核燃料の全核種の半減期の分布

使用済み核燃料の全核種の半減期の分布（ウラン235、238を除く）

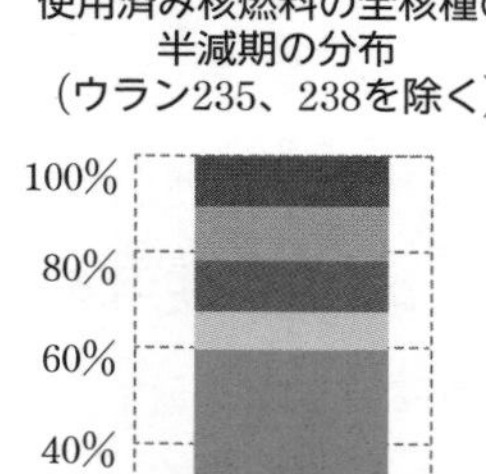

主な核種

100年以下	セシウム 134・137、プルトニウム 241・238、ストロンチウム 90、プロメチウム 147、キュリウム 244 等
100年～1万年	アメリシウム 241・243、プルトニウム 240 等
1万年～100万年	プルトニウム 242・239、テクネチウム 99 等
100万年～1億年	ウラン 236、ジルコニウム 93、セシウム 135、ネプツニウム 237、パラジウム 107、ヨウ素 129 等
1億年～100億年	なし
100億年以上※	ネオジウム 144、セリウム 142 等

※超長半減期核種のため、理科年表では安定同位体扱い

（出所：日本原子力研究開発機構『使用済燃料の放射能と対策』より作成）

図7−2−2は使用済み核燃料全体としての有害度の経年変化を表したものです。

自然界に存在する天然ウランの危険度を1（基準）とした場合、軽水炉で燃焼した使用済み核燃料の危険度は1000倍になっています。

これを再処理せずにそのまま放置した場合には、100年後には400程度に下がりますが、1000年たってもまだ100（天然ウランの100倍）くらいの有害度は残っています。天然ウランと同程度になるには10万年という長期間がかかります。

しかし有害度は、原子炉の種類によって異なり、高速炉で燃焼した後、再処理を行なった場合には100年後には40程度にまで下がり、300年後には天然ウラン並みになります。

つまり、**危険度は原子炉の種類と再処理の仕方によって随分変化する**ものであることがわかります。

図7−2−2●使用済み核燃料の有害度の経年変化

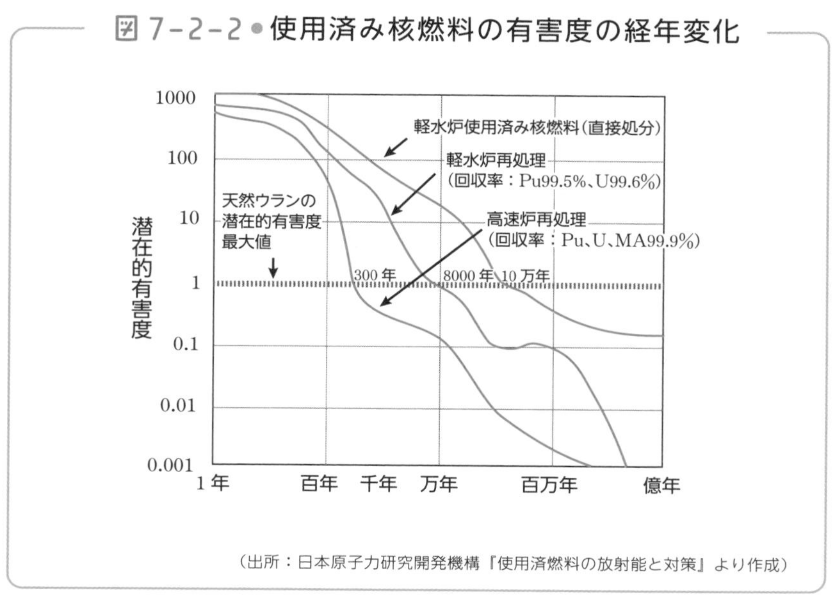

（出所：日本原子力研究開発機構『使用済燃料の放射能と対策』より作成）

②低レベル汚染物質の付着物をどうするか

原子炉が稼働すると、作業着とか手袋などの放射能の弱い低レベル廃棄物が出ます。このようなものはセメントやアスファルトで固めてドラム缶容器に入れ、厳重に保管します。

このドラム缶は、原子炉が稼働する限り毎日毎日増えていきます。限りある原子力発電施設で収容しきれるものではありません。長く放置すれば、ドラム缶が錆びや放射線の影響で破損して漏洩の問題も生じます。

現在、低レベルの廃棄物は青森県六ヶ所村の低レベル放射性廃棄物埋設センターの地下埋蔵庫で保管されています。しかし早晩収容能力は限界に達するでしょう。

③高レベル廃棄物の処理方法

先に見た抽出残渣(**核のゴミ**)のように、放射能が強くて危険なものは、飛散しないようにガラスとともに溶融固化し、直径43cm、長さ1.3m、重さ500kgのガラス固化体にされます。

出力100万kWの原子炉が1年間稼働すると、このガラス固化体が30本ほど出るそうです。

現在は青森県の六ヶ所村や茨城県東海村の高レベル廃棄物貯蔵管理センターで一時保管されています。

●高レベル廃棄物の永久保管の仕方とは

高レベル廃棄物は、その名の通り高レベルの放射線を出し続けています。早晩、容器や格納施設は老朽化するでしょう。そうなる前に、永久的な処理を考えなければなりません。

この問題は「**トイレのない高級マンション**」問題と言われます。現在、トイレ(高レベル廃棄物最終処分場)を持っている国はフィンランドだけと言われています。フィンランドでは岩塩の採掘坑を利用して永久保管できる施設をつくったと言います。

処理は大深度の地中に埋めるという方法が一般的ですが、放射線が決して地表に漏れ出ることのないよう、厳重な処理が待たれるところです。

特に日本のように地震の多い国では、地震に耐える保管施設をつくらなければならず、悩ましいところです。

げんしりょくの窓

MOX燃料とプルサーマル計画

原子炉を稼働すると使用済み核燃料が発生しますが、その中にさらに核分裂反応を行なってエネルギーを発生することのできる潜在燃料が含まれています。

そのようなものとして、未反応の^{235}U、や^{239}Puなどがあります。これらの原子核を再処理によって取り出して、二酸化プルトニウム(PuO_2)と二酸化ウラン(UO_2)とを混ぜてプルトニウム濃度を4～9％に高めた核燃料を**MOX燃料**(モックス)と言います。

MOX燃料は本来、高速増殖炉の燃料として用いる予定でしたが、高速増殖炉の開発研究が遅れてしまい、当面使う予定がなくなってしまいました。

しかし、MOX燃料は現行の原子炉でも燃焼することができます。このように、MOX燃料を現行原子炉で燃料として使う計画を**プルサーマル計画**と言います。

核燃料サイクル

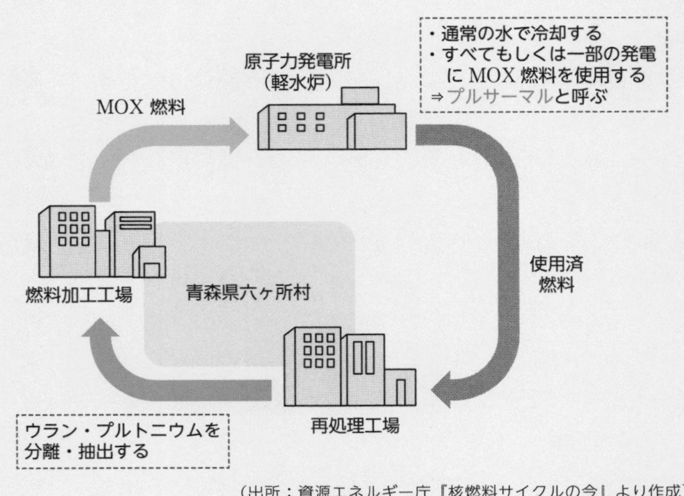

(出所：資源エネルギー庁『核燃料サイクルの今』より作成)

7-3 原子力発電の環境への配慮はどうなっている？

―― CO_2排出・原発処理水

原子力は環境問題を避けて通るわけにはいきません。環境を汚すことはないのか？　放射能は大丈夫なのか？　どこかで漏れていることはないのか？　もし放射能汚染が起きたらどうなるのか？　等々です。

●二酸化炭素の発生源は何か

環境問題で最近、最も話題になっているのは、地球温暖化をはじめとした気候変動でしょう。世界中の多くの地域で異常に高い気温が観測され、極地方の氷が解けていると言います。

海上に浮いている氷が解けても海面の高さに変化はありませんが、南極大陸や氷河などの陸上の氷が解けるとダイレクトに海面上昇につながります。

また温度上昇による海水膨張の影響もあります。気温が今の調子で推移すると、今世紀の終わりには海面が50cm上昇するという試算があります。そうなったら海岸付近の都市は大きなダメージを受けます。

①化石燃料

地球温暖化の原因の多くは、熱を溜める性質のある温室効果ガスの一種である二酸化炭素の増大にあると言います。**二酸化炭素排出の原因の最大のものは化石燃料の燃焼**です。

二酸化炭素は水に溶けるので、海水は膨大な量の二酸化炭素を吸収しています。しかし、気体の水に対する溶解度は温度が上がると小さくなります。要するに気温が上がると、気体は水に溶けにくくなります。

金魚鉢の金魚が夏になると水面に口を出してパクパクするのは、ノンキにアクビをしているのではなく、必死に空気を吸っているのです。それだけ水中に溶ける空気(酸素)が減っているのです。

化石燃料の燃焼で二酸化炭素が増えると気温が上がり、気温が上がると海水中の二酸化炭素が放出される、という負のサイクルが回り始めます。

化石燃料から発生するのは二酸化炭素だけではありません。窒素酸化物(NOx)とイオウ酸化物(SOx)も発生します。これらは酸性酸化物であり、雨に混じると硝酸や亜硫酸となり、酸性雨の原因になります。

そのほかにNOxは光化学スモッグの原因であり、SOxはかつて四日市ぜんそくという大規模公害を起こし、大きな社会問題となりました。

②代替エネルギー

現代文明は電気エネルギーの上に成り立っています。電気エネルギーの多くは化石燃料の燃焼によってつくられています。化石燃料を使わないとしたら、その代替エネルギーを用意しなければなりません。省エネだけでは間に合いません。

太陽電池、風力発電はお天気任せであり、安定エネルギーとは言えません。将来、大規模、高効率の蓄電池が開発されれば改善されるでしょうが、それには時間がかかります。

水力発電はダム建設による環境問題が影を落としますし、バイオエタノールは、国や地域によっては主食とするトウモロコシを燃やしてしまうという、食糧問題、倫理問題が浮上します。

③原子力発電

原子力発電では、エネルギー源は核分裂ですから、原則的に二酸化炭素は発生しません。それでも、施設の運用などで多少の二酸化炭素は発生しますが、その量は圧倒的に少ないです。

図 7−3 は、原料の採掘や輸送、発電所の建設や運転などで消費するすべてのエネルギーを含めて算出した場合の、発電種類別の二酸化炭素排出量を示したものです。

原子力発電の 1 kWh（キロワットアワー）あたりに発生する二酸化炭素の量は、石炭火力、石油火力、LNG 火力に比べ大幅に少なく、太陽光、風力の自然エネルギーと同程度です。

加えて、原子力発電所では NOx も SOx も発生しません。その意味ではクリーンなエネルギーと言うことができるでしょう。

こうした優れた環境適合性を持つ一方で、原子力発電では運転に伴って放射線や放射性物質が発生するため、周りの環境に影響を与えないよう厳しく管理し、取り扱う必要があります。

図 7-3 ● 発電種類別のCO_2排出量

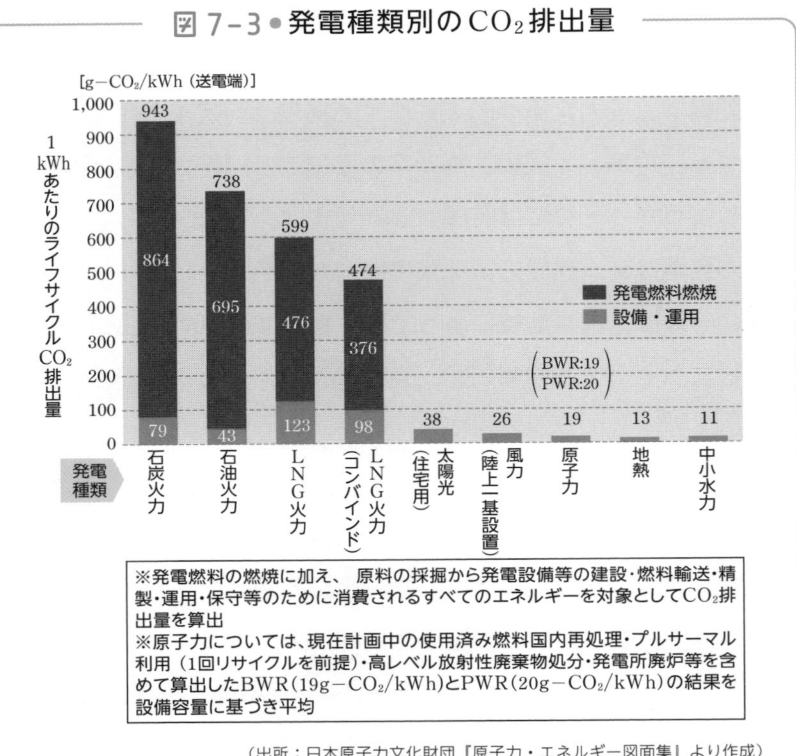

（出所：日本原子力文化財団『原子力・エネルギー図面集』より作成）

●原子力発電の環境への影響

原子力発電は大規模な事故が起きると、大量の放射性物質を外に出してしまう危険性があります。

日本は活断層を多く持つ島国であり、地震と津波のリスクが高いにもかかわらず、原発は冷却水として海水を多く使うことから、海岸沿いに建設されています。

地震や津波、加えて人為的なミスも含め、いつ次の大事故が起こるかわかりません。万一事故が発生した場合には取り返しのつかない致命的な被害が生じかねません。

その恐れを消すことができないことが原子力発電の難しいところでしょう。

①高温冷却水

日本ではすべての原発が海岸沿いに建てられています。これは、海水を冷却に使っているためです。この冷却水による海洋生態系への弊害が指摘されています。

まず直接の被害として、海水が原発に取り込まれるとき、プランクトンや魚介類の卵などが死滅しています。冷却水はもとの海水温よりも7℃程度高くなって海に戻されるため、周辺海域に温暖化をもたらします。

②低レベル汚染水

さらに、原発内を清掃した水など、放射性物質を含む排水も海に流されており、海の生き物に影響することが懸念されています。同時に風評被害によって、当該海域で操業する漁業従事者への補償問題があらためてクローズアップされることでしょう。

福島第一原子力発電所事故に絡む低レベル汚染地下水は、原子力発電所施設内のタンクに保管されていますが、とめどなく流れてくる地下水をすべてくみ上げて保管し続ける、などということができるはずはありません。

案の定タンクは増え続けて敷地を埋め尽くすほどになり、ついに海へ放出せざるを得なくなりました。

現在、福島第一原子力発電所で放出されている処理水は、**ALPS**（アルプス）**処理水**と言われるものです。

ALPS処理水とは、放射性物質が含まれる汚染水を、多核種除去設備(Advanced Liquid Processing System = ALPS)などを使用して、トリチウム(三重水素)や炭素14(^{14}C)を除く62種類の放射性物質を国の規制基準以下まで浄化処理した水のことを言います。

福島県沖の太平洋岸で海洋投棄されている処理水はこの水です。

③事故の影響

いったん事故が起きた場合の環境への負荷は言うまでもありません。福島の事故では、事故後10年以上たった現在でもまだ故郷に帰ることができずにいる人たちがいます。

今後戻ることができたとしても、もとのような人の絆が再現できるかどうかは定かでありません。

放射線の被害は一過性のものだけではなく、DNAなどを通じて後々に影響が出てくる可能性があります。長い経過観察が必要になります。

「放射能」の危険はどうすれば緩和できるか

―― 外部被曝と内部被曝

「放射能」は見ることができず、影のように忍びよるので怖いと言われます。放射能汚染を考える際に重要なのは、放射能というひと括りの言葉で表すのではなく、放射能、放射線、放射性物質と、それぞれに分けることです。

●「放射能」の正体を見極める

放射能は物質でなく、能力、性質ですから見ることができないのは当然です。放射線も原子核（α線）や電磁波（γ線）ですから、たとえ電子顕微鏡を使っても見ることはできません。

しかし、放射性物質は違います。放射性物質は物質です。体積と重さを持った実体です。中には一粒一粒の原子になっているものもありますが、原子炉のウラン燃料のように8mm×10mmのペレット状のものもあります。

私たちが“放射能”という言葉で表す“もの”は、実はこの放射性物質であることが多いのです。スリーマイル島事故（8－2節参照）で漏れ出したのも、チェルノブイリ事故（8－3節参照）で漏れ出したのも、すべてはこの放射性物質でした。

放射性物質は花粉症をもたらす花粉のようなものです。花粉のように細かい粒子なのです。ただし、花粉の毒は花粉自体だけですが、放射性物質は放射線という目に見えない毒を吹き散らします。放射線を絶つには、放射性物質を絶たなければなりません。

●放射性物質の種類と性質を見る

放射性物質にはたくさんの種類があります。同じ水素という元素にも、放射性ではない(軽)水素H（^{1}H)や重水素D（^{2}H)とともに、極めて微量ですが放射性の三重水素T(^{3}H)があります。

①自然界の放射性物質

自然界に放射性物質はたくさんあります。上で見た水素以外にも、私たちの体をつくっている炭素、カリウムにも放射性物質(放射性同位体)は混じっています。

炭素には 3 種の同位体^{12}C、^{13}C、^{14}Cがありますが、^{14}Cは放射性でβ線を放出します。カリウムにも^{39}K、^{40}K、^{41}Kの 3 種があり、^{40}Kはβ線を放出します。

②半減期の種類

半減期の定義は前に見た通りですが、これは物理学的半減期です。半減期はこれ以外にもあります。

◎**生物学的半減期**：体内または特定の組織や器官に取り込まれた放射性物質が、代謝により排出されることによって、半分になるまでの時間です。

◎**実効半減期**：体内に取り込まれた放射性物質が、物理的な減衰と生物学的な排泄の両方により、実際に半分になるまでの時間です。

いくつかの放射性物質の半減期を図 7－4 にまとめました。

図 7-4 ● 各放射性物質の半減期

	H3 トリチウム	Sr90 ストロンチウム	I131 ヨウ素131	Cs134 セシウム134	Cs137 セシウム137	Pu239 プルトニウム239
出す放射線の種類	β	β	β、γ	β、γ	β、γ	α、γ
生物学的半減期	10日	50年	80日	70日～100日	70日～100日	肝臓：20年
物理学的半減期	12.3年	29年	8日	2.1年	30年	24000年
実効半減期（生物学的半減期と物理学的半減期から計算）	10日	18年	7日	64日～88日	70日～99日	20年
蓄積する器官・組織	全身	骨	甲状腺	全身	全身	肝臓・骨

（『放射線による健康影響等に関する統一的な基礎資料』上巻　第2章　31ページ
『原発事故由来の放射性物質』（出所：環境省）より作成）

③原子炉でできる放射性物質

原子炉の事故などで放出される放射性物質も種類は多様です。しかし、中に 3 種類、際立って多いものがあります。それがセシウム(Cs)、ヨウ素(I)、ストロンチウム(Sr)です。これらはすべてβ線を放出し、体に蓄積しやすい元素なので、体内に入ると非常に危険です。

◎放射性セシウム

セシウムは融点28℃の融けやすい金属であり、^{133}Cs、^{134}Cs、^{135}Cs、^{137}Csの 4 種の同位体がありますが、^{134}Cs、^{137}Csが核分裂でできるものであり、ともに放射性でβ線・γ線を出します。

放射性セシウムは体内に入ると血流に乗って筋肉に蓄積され、その後、腎臓をへて体外に排出されます。その間、β線・γ線を出し続けて各種臓器にダメージを与え続けます。

特に危険と言われるのは半減期約30年の^{137}Csで、体内に取り込まれてから体外に排出されるまでの100日から200日にわたってγ線を放射し、体内被曝の原因となります。

◎放射性ヨウ素

ヨウ素は海藻などに含まれていますが、それは質量数127の同位体^{127}Iです。核分裂でできるヨウ素は放射性の^{131}Iです。

ヨウ素は人間の甲状腺に蓄積され、そこで甲状腺ホルモンのチロキシンになって体内のいろいろな臓器に配られます。そのため、放射性ヨウ素を摂取すると甲状腺にダメージを与え、子供の場合には甲状腺がんになる確率が高まると言われています。

放射性ヨウ素を防御するために飲むのがヨウ素剤です。これは、放射性ヨウ素が入ってくる前に、甲状腺を普通のヨウ素で飽和状態しておき、放射性ヨウ素が入ってきても甲状腺が取り込まないようにするためです。

◎放射性ストロンチウム

自然界に存在するストロンチウムのほとんどは^{88}Sr（82.6%）であり非放射性ですが、核分裂で生じるのは^{89}Sr、^{90}Srです。特に^{90}Srは半減期が29年と長く、危険です。

ストロンチウムは周期表で見ると、カルシウム(Ca)と同じ2族元素です。そのため、体内に入るとカルシウムと置き換わって骨に蓄積され、長期間にわたってβ線を出し続けるので非常に危険です。

●原発事故などによる外部被曝を避けるには

放射線による被曝には、線源が体外にある場合の**外部被曝**と、線源が体内に入ってしまった場合の**内部被曝**があります。

外部被曝の場合には、放射線源の放射性物質を避けることができれば、自動的に放射線を避けられることになります。

①避ける

万一、原子力発電施設に事故があって放射性物質が漏洩したら、まず大切なことは放射性物質に近づかないことです。放射性物質が花粉と同じようなものだとわかったら、対処は簡単です。

放射性物質対策の第一は、まず毒素をまき散らす花粉を避けることです。漏洩した施設の近くの街の中は放射性物質という花粉で一杯です。花粉に触れないためにはみだりに外に出ないことです。

放射性物質から身を護るには遮蔽しかありません。どの程度の遮蔽が必要かは先に見た通りです。実際にはコンクリートなどの建物、あるいは自動車をはじめとするの鋼鉄製物体の陰に身を置く、という程度です。それでも、何もしないよりははるかにまし、ということです。

②装備

もし、どうしても戸外に出なければならないときには、長そで、長ズボン、そして眼鏡もマスクも着用することです。特に有効なのは帽子と一体になったレインコートです。それも布製のものより、ビニール製のものがよいでしょう。レインコートごとシャワーを浴びたら放射性物質も洗い流せます。

戸外で着た衣服には放射性物質が付着している可能性があります。衣服は玄関先で脱ぎ、脱いだ衣服は放射性物質が飛び散らないようにビニール袋に入れておきましょう。

放射性物質が皮膚についたら外部被曝になります。大量の放射性物質がついたら放射線熱傷（一種の火傷）になります。皮膚についた放射性物質は一刻も早くセッケンで洗い流しましょう。

③家に入れない

入口や窓を閉めて、カーテンを閉じることも有効です。

換気扇は室内と室外の空気を強制的に交換する装置ですから、当然止めるべきです。換気扇は室内の空気を外に出すだけ、と考えるかもしれませんが、空気を出すだけだったら室内の人は空気（酸素）不足で倒れてしまいます。換気扇が室内の空気を外に追い出した後には、必ずどこかから花粉タップリの室外の空気が押し寄せてきます。

普通のエアコンは室内、室外で空気の交換をやっていません。室内の空気を循環させているだけですから、エアコンはあえて消す必要はないのではないでしょうか。

●内部被曝を避けるには

放射線障害で怖いのは体内に入った放射性物質です。

放射性物質の出す放射線は遮蔽物でさえぎることができます。しかし、体内に入った放射性物質が出す放射線をさえぎることはできません。内臓の細胞がズタズタにやられてしまいます。これが内部被曝の怖さです。ですから、放射性物質を決して体内に入れてはいけません。

内部被曝を防ぐには、放射性物質を体内に入れない、ということしかありません。そのためにはマスクをし、うがいをし、そして汚染の可能性のある食物を摂らざるを得ないときにはよく洗うことです。

放射性物質はゴミやチリと同じものです。洗えば落ちます。この際、洗剤でも何でも使って徹底的に洗えば、それだけで落ちます。食物が汚染されているかどうかは、自治体発表の数値に頼るしかありません。

しかし、この数値は野菜の場合には、畑から収穫したばかりの洗っていない状態で測定することと定められています。土を洗い流すだけで数値は何分の一に下がるはずです。

げんしりょくの窓

間違った情報や噂による風評被害

風評被害というのは、間違った情報や根拠の不確かな噂をきっかけに生じる損害のことを言います。

古くは1923年の関東大震災の際、「朝鮮人が井戸に毒を入れた」というデマが流れ、それを信じた人々が数千人と言われる朝鮮人を虐殺した事件がありました。

2011年の福島第一原子力発電所事故後にも、農産物、漁獲物、食品、工業製品の販売不振や輸出停止が被災地だけでなく、全国で起きました。

また全国の観光業が打撃を受け、2011年の来日外国人観光客数は前年より28%減ったと言います。

風評被害に対する法制では、違法性のあるデマや噂に対しては、刑法の「信用毀損及び業務妨害罪」が適用され、3年以下の懲役または50万円以下の罰金が科せられます。

第8章

世界を震わせた原子炉事故を振り返る

8-1 草創期の原子炉事故は軍事用試験炉で起こった

―― 軽水炉の事故

●1961年、アメリカで起こった事故

原子炉は機械です。機械に故障や事故はつきものです。しかし、原子炉の故障や事故は困ります。原子炉のトラブルは放射性物質や放射線の漏洩につながり、人々や環境に与える被害が大きいからです。明らかになっている原子炉事故の件数はたくさんはありませんが、その影響は大きいものが多いのです。

1950年代に起こった3件の原子炉事故が報告されていますが、

アイダホフォールズにあった軍事用試験原子炉SL−1の建屋から取り出される原子炉容器。

最初に有名になった原子炉事故は、1961年にアメリカ、アイダホ州アイダホフォールズの軍事用試験原子炉SL−1で起こった事故です。原子炉は燃料にウラン、減速材、冷却材に軽水を用いたもので、現在の軽水炉に相当するものでした。

●遺体は放射性物質と化した

軍事施設で秘密が多く、事故の詳細は発表されていないことに加えて、事故の当事者が全員被曝して亡くなっているので、細かいことは明らかになっていません。

しかし、**原因は運転員が制御棒を誤って引き抜くという人為的なものだった**ようです。

その結果、原子炉が暴走して事故になったのですが、幸いなことに減速材兼冷却材である軽水が漏れ出てしまったので、中性子が減速されなくなり、ウラン235（^{235}U）と反応することができなくなったことから、原子炉は自然停止しました。

普通の加熱装置の故障なら、冷却のための水が漏れたら事故は拡大するのですが、原子炉では水が反応を高める役割をしていたのです。

3人の運転員のうち2人は即死、1人も搬送中に死亡したと言われます。放射線によって被曝した遺体そのものが放射性に変質し、遺体は放射性物質として処理されたと言われています。

8-2 世界的に影響力の大きさを伝えたスリーマイル島原発事故

―― 国際原子力事象評価尺度

原子炉の事故として有名なものと言えば、2 つの大事故、つまりアメリカのスリーマイル島の事故とソビエト連邦共和国(現ロシア)のチェルノブイリ(現ウクライナ・チョルノービリ)で起きた事故でしょう。

アメリカとソ連が 2 大中心として戦った東西冷戦の最中、その中心の 2 大国家が揃って起こした 2 大事故として象徴的なものでした。

スリーマイル島原子力発電所

●スリーマイル島事故はなぜ起こったのか

事故は1979年3月28日にアメリカ・ペンシルベニア州の州都ハリスバーグから15kmほど離れた、サスケハナ川にあるスリーマイル島と呼ばれる周囲3マイル(1マイル＝1.6km)の中洲で起こりました。ここには出力96万kWの加圧水型原子炉が設置されていました。

事故当時、営業運転開始から3カ月たっていた原子炉は、定格熱出力の97%で運転していました。

この事故の発端は小さな故障でしたが、それをきっかけに事故が次々と広がり、そこに運転員の判断ミスが加わってついに歴史に残る大事故になってしまったのでした。

最初の故障は二次冷却系のパイプに異物が詰まったという単純なものでした。しかしその結果、二次冷却系のポンプが停止し、炉心を冷やす一次冷却系の放熱ができなくなりました。そのため炉心の温度と圧力が上がったため、原子炉の爆発を避けるために炉心の安全弁が開きました。

そして原子炉内の放射性物質で汚染された冷却水が水蒸気となって大量に環境に放出されたのでした。

●最も深刻な事故になった

原子炉は自動的に停止措置がとられ、制御棒が差し込まれて原子炉は核分裂を停止しました。

ここまでは、事故は想定の範囲だったと言っていいでしょう。しかし、その後は計器の誤作動が続き、運転員が正しい判断を下すことができなくなったと言います。

本来ならば炉心を冷やすために冷却水を大量に注入しなければならないところ、反対に冷却水を絞ってしまいました。その結果、炉心の過熱、燃料の空焚き状態が続き、ついに燃料の溶融、**メルトダウン**になってしまったのです。

原子炉事故の深刻さを表す指標に、**国際原子力事象評価尺度**（INES（イネス））というものがあり、軽度の1から最重度の7まで定義されていますが、このスリーマイル島事故はレベル5とされました。

図 8-2 ● 原子炉事故の深刻さを表すINES

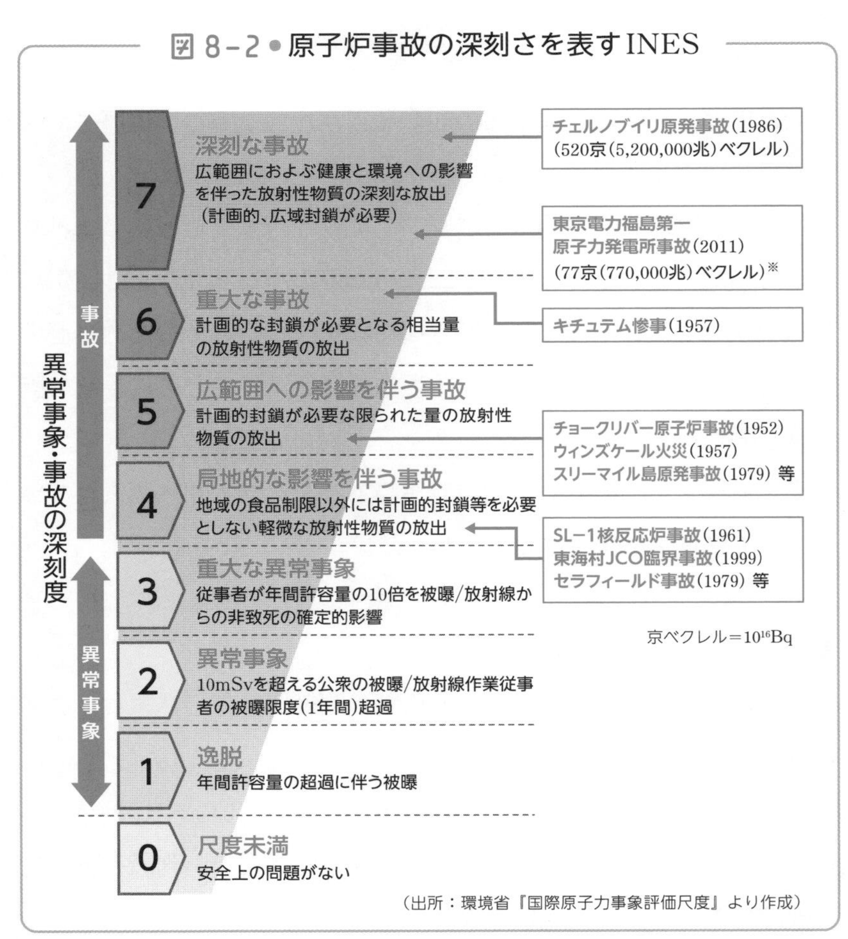

（出所：環境省『国際原子力事象評価尺度』より作成）

●スリーマイル島事故が伝えた影響力

この事故による負傷者は出ませんでした。しかし、事故のようすはリアルタイムでニュースで伝えられ、周辺住民は不安の中に投げ込まれました。

そして事故から3日後には炉心から8km以内の学校は閉鎖され、妊婦、学齢前の幼児に対する避難勧告、16km以内の住民に対する屋内退避勧告が出され、周辺の住民はパニック状態に置かれたということです。

この事故は、原子炉事故は普通の事故と比較にならない深刻な影響を周辺住民に与えるものであることを世界中に教えたものでした。

スリーマイル島には1号機、2号機という2基の原子炉があり、事故を起こしたのは2号機でした。

1号機は事故の後も運転を続けていましたが、2019年に運転を停止しました。今後60年かけて廃炉にしていくそうですが、その費用は10億ドル(1400億円)以上かかると言います。

2号機は、融けた燃料はほとんど取り出されていますが、2041年に汚染レベルの減少を待って建屋と冷却塔の解体を始め、2053年に終えるとしています。

チェルノブイリ事故はなぜ起こった？

―― 実験中の出来事だった

チェルノブイリ（現チョルノービリ）はウクライナ北部、隣国のベラルーシ共和国との国境近くにある街です。事故当時はソビエト連邦共和国（現ロシア）の一部でした。

事故はINESの尺度で最悪ケースに相当するレベル7と評価されましたが、レベル7の事故は2011年に福島第一原子力発電所の事故が起こるまではこれだけであり、いかに深刻な事故だったかがわかります。

チェルノブイリ原子力発電所

●事故は実験中に起こった

事故はスリーマイル島の事故の７年後、1986年４月26日に発生しました。原子炉の種類は黒鉛減速の沸騰水型でした。

事故当時、ウクライナはソ連政権下にあり、政府が情報を厳しく統制していた時代でしたので、事故の詳細が世界に発表されることはありませんでした。

そのため、事故の全容は今となっても必ずしも明らかではありません。これが発表されていたら、その後の原子力発電の技術開発に大きく貢献していたことでしょうから、残念であると言わなければならないでしょう。

しかし、少しずつですが漏れ出てくる情報から推察すると、当時原子炉は運転を中止しており、原子炉が止まった場合を想定した実験を行なっていたようです。

計画では出力を20～30％に絞って実験を行なう予定でしたが、１％にまで出力が下がってしまいました。出力を上げるため、運転員は至急制御棒を引き抜きましたが、７％程度に回復しただけでした。そこで運転員は、非常用炉心冷却装置を含む安全装置をすべて解除して出力を上げようとしました。

その結果、原子炉は一転して出力が急上昇してしまいます。慌てた運転員は緊急停止操作を行ないましたが、安全装置が解除されていたため、原子炉内の圧力が上昇し、停止ボタンを押した６～７秒後に爆発したと言います。

この原子炉は運転停止のために制御棒を挿入すると、一時的に出力が上がる設計になっていたとされています。

●原子爆弾500個分の量による被害

チェルノブイリ事故の被害は深刻でした。INESのレベル7は初めてのことで、これ以上の被害は広島、長崎の原子爆弾被害になってしまうのではないでしょうか。

この事故ではスリーマイル島事故と同じように炉心溶融(メルトダウン)が起こり、水蒸気爆発によって大量の放射性物質が周辺に放出されたと言います。**IAEA(国際原子力機関)**の試算では、その量は広島に投下された原子爆弾(ウラン型)の500個分に相当すると言われます。

当初、政府は軍事機密の漏洩や住民のパニックを恐れ、事故を隠していました。しかし、大量の放射性物質が放出された、このような大事故を隠しおおせるものではありません。

事故の翌日には1000kmほど離れたスウェーデンでも放射性物質が検出されましたが、その量のあまりの多さに測定者は、もしかしたら核戦争が起こったのかと思ったそうです。

ソ連政府が事故について発表したのは事故の2日後、ようやく4月28日になってからのことでした。

●10日後に放射性物質の放出が収まった

この事故では爆発の後、さらに火災が起きました。可燃性の耐火材が燃え、加えて減速材の黒鉛が燃えたのだそうです。

これに対して当局は次の3つの対策を講じました。それは、

①液体窒素を投入して炉心温度を下げる

②遮蔽材として炉心内に鉛を大量投入する

③原子炉全体をコンクリートで封じ込める

というものでした。

このうち、①②の操作が功を奏し、事故から10日ほどたった5月6日には、大規模な放射性物質の放出は終わったとソ連政府は発表しました。

●死者3000人、10万人を超える避難者

事故の影響と被害は一過性のものではすみませんでした。事故の後始末対策③で、原子炉をコンクリートで封じ込めるために動員された労働者は延べ60万～80万人と言われます。

この作業による(放射線障害)死者は、ソ連政府の発表では31人となっていますが、作業を直接統治したウクライナ共和国の軍人の話では、作業員3000人が事故当日に亡くなったとのことです。

チェルノブイリ周辺は放射性物質で汚染され、原子炉の周囲30kmの住民11万6000人が強制移住となりました。

事故に関する長期的な被害は調査や統計がないので詳細は一切不明ですが、小児甲状腺がんなど、放射性物質やそれに伴う放射線由来の病気が急増したとの調査結果もあるようです。

●いろいろな要素が重なった事故の原因

この事故の原因はひとつではなく、いろいろな原因が重なって起こったものですが、そのうちの主な原因としては次のようなものが考えられます。

①職員の教育不足

②実験のための、特別条件下での運転

③低出力では不安定になる原子炉での低出力運転

④全装置の解除
⑤政府行事の都合で建設を急ぎ、耐熱資材を不燃性から可燃性に変更

このうちのひとつでも関わらなかったら、あのような事故にはならなかったと言われますが、すべては後の祭りでした。

●チェルノブイリ原子力発電所のその後

チェルノブイリには4基の原子炉があり、事故を起こしたのは4号機でした。4号機は石棺と言われるようにコンクリートで固められていましたが、最近そのコンクリートが放射線のせいで弱ってきたので、その上をさらにコンクリートでカバーすることが検討されているそうです。

原子炉の周囲30kmは現在も立ち入り禁止とのことです。放射線量は最近下がってきていると言われましたが、2022年2月のウクライナ・チョルノービリへのロシア軍の侵攻に伴って、また放射線量は上がってきたようです。

これは戦車が原子炉近くを進行するせいで土が掘り返され、埋まっていた放射性物質が地表に出てきたせいだと言われています。

8-4 アメリカ軍の水爆実験で被曝した第五福竜丸事件

―― 水素爆弾による世界最初の犠牲者

この事件は長く日本人の心に残る事件となりました。アメリカがビキニ環礁で行なった水素爆弾の爆発実験によって日本の民間人が被害を受けたのです。

日本は原子爆弾により世界で最初に莫大な被害を受けただけでなく、水素爆弾によっても最初の被害者を出した国になってしまったのでした。

以来、水着の「ビキニスタイル」と「放射能」は日本人のよく知る言葉となりました。

このとき「放射線」という術語を使うべきところを当時の**マスコミが誤って「放射能」という術語を使ったため、今に至っても「放射能」という言葉が消えない**のです。

また、セパレートタイプの水着のビキニスタイルは、肌を覆う面積が小さいことから、水爆実験で千切れてボロボロになった衣服、というような意味でつけられたという話もあるようです。しかし、ビキニスタイルの本当の由来は水爆実験ではなく、それより前にビキニ環礁で行なわれた、アメリカ軍の原爆実験の破壊力だったようです。

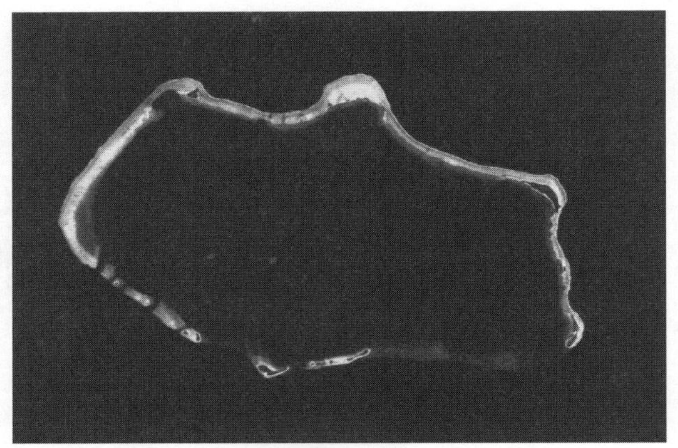

マーシャル諸島にあるビキニ環礁。

●巨大な火柱がキノコ雲になるのを見た

事件は第二次世界大戦終了から10年足らずの1954年３月１日に起こりました。世界はアメリカとソ連を中心とした東西冷戦の時代でした。

両陣営は文化、文明、武力などすべての面で覇を競っていました。爆弾の爆発力の大きさもそのような競争の一環でした。原子爆弾の何百倍も爆発力の大きい水素爆弾は、相手に爆弾の威力を見せつけるのに恰好の道具でした。

この日、南太平洋のマーシャル群諸島沖、ビキニ環礁の近くで、マグロのはえ縄漁をしていた日本の漁船、第五福竜丸の船員23人は、沖合で巨大な火柱が上がるのを見て驚きました。火柱は成長して巨大な火球になり、天空に上ってキノコ状になりました。

それは当時の日本人だったら誰でも知っていた核爆弾に特有の雲「キノコ雲」でした。

この日、その時間、その場所でアメリカ軍が水素爆弾の実験を行なうことは、アメリカ軍からの通達によって知っていました。そのため、アメリカ軍が設定した危険区域の外で操業をしていたのでした。しかし彼らが見たキノコ雲は、彼らの想定をはるかに越える巨大なものでした。

1954年3月1日、アメリカ軍のキャッスル作戦（ブラボー実験）の水爆実験によるキノコ雲。

●放射性物質「死の灰」による被曝

船員は爆発地点が思ったより近いことに驚きましたが、しばらくするとさらに驚くことが起こりました。空から灰のようなものが降ってきたのです。

当時、原子爆弾の爆発に伴う放射性物質を「**死の灰**」と呼んで恐れていたので、これが死の灰かと気づき、慌てて逃げ出そうとしました。しかし設置したはえ縄を引き上げるのに手間取り、結局、数時間にわたってその場に留まらざるを得ず、被曝してしまったのです。

慌てたのはアメリカ軍も同じだったかもしれません。彼らは爆弾の爆発力を間違って想定していたのです。当初、爆発の規模をTNT火薬換算4～8メガトン(400万～800万トン：1メガトン＝100万トン)と見積もっていましたが、予想以上に大きくなり、実際には15メガトンにも達したのです。その結果、実際の危険区域にいた船舶は数百隻に及び、被害者は数万人にのぼったものと見られています。

●第五福竜丸、帰国後のこと

第五福竜丸は日本に戻ってきましたが、事件は大変なニュースになりました。「放射能マグロ」という言葉が生まれ、魚肉の買い控えが起こるなど、大きな社会問題となりました。

被曝から半年後、無線長の久保山愛吉さんは「原水爆による犠牲者は、私で最後にしてほしい」との遺言を残して亡くなりました。

事件の幕引きを図ったアメリカは、久保山氏の死を被曝によるものとは認定せず、“サンゴのチリの化学的影響によるもの”とし、賠償金も「善意によるお見舞い」という形で支払われたと言います。

23人いた第五福竜丸の船員は、2004年までに12人が死亡しましたが、その内訳は、肝がん6人、肝硬変2人、肝線維症1人、大腸がん1人、心不全1人、交通事故1人だそうです。

また、生存者の多くには肝機能障害があり、肝炎ウイルス検査では、A・B・C型とも陽性率が異常に高いということです。放射線障害が出ていると言わざるを得ない結果でしょう。

8-5 紆余曲折の道を歩んだ原子力船「むつ」の事故

—— 生放送された原子炉事故

原子炉が完成すると、それを船舶に積もうとの考えが出てきました。しかし、それが実現した例の多くは戦艦であり、特に軍事用の潜水艦でした。運用するのに酸素が要らず、排気も出さない原子炉は潜水艦の動力源として最適だったのです。これで航海すれば、乗員の食料が続く限り何カ月でも連続航海ができます。

ただし、民間の商業船に搭載した例も 3 例ほどあります。その 4 例目にあたるのが日本の**原子力船「むつ」**です。

原子力船「むつ」　（出所：日本原子力研究開発機構）

●「むつ」建造にはどんな経緯があったのか

かつての日本は世界に冠たる造船王国でした。あの雄姿堂々たる戦艦大和を建造したのです。その日本の名誉を原子力時代に取り返そうと立ち上げられたのが、平和利用の原子力船「むつ」建造でした。この事業は国策として進められました。

船体は1969年に完成して青森県の大湊港に繋留され、1972年8月には原子炉も完成しました。

原子炉が臨界に達し、稼働したのは8月28日のことでした。

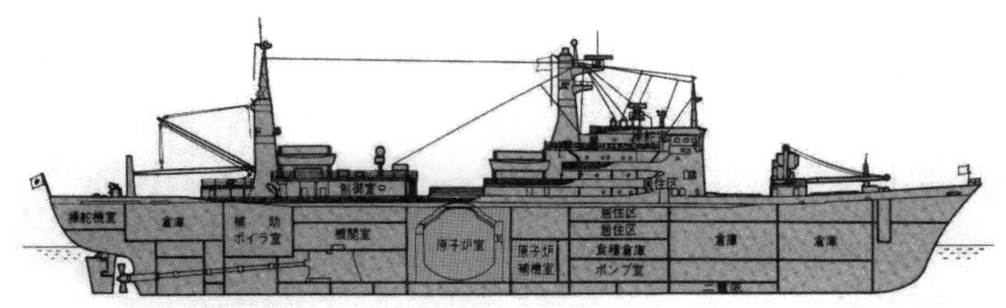

原子力船「むつ」の概念図。中央に原子炉室がある。（出所：日本原子力研究開発機構）

●原子炉事故はオムスビで収まった

ところが9月1日、出力を1.4%に上げたところでトラブルが起きました。原子炉から中性子が漏れ出したのです。この事故の経過は一部始終がマスコミ、特にテレビによってリアルタイムで放送されました。

まさしく劇場型の事故となったのです。日本中の人がテレビにくぎづけになりました。

そのスピーカーから驚くような言葉が流れてきました。何と、突如アナウンサーが、「むつでオムスビをつくり出しました」と言うのです。

「ハラが減っては戦ができない」ということかと思った人も多いでしょう。ところが次に、「腕に覚えのある船員が原子炉の近くに集められています」と言うのです。どういうことでしょう？　まさか故障中の原子炉の前で野球でもやるつもりなのでしょうか？

しかし、よほど頭のいい人が考えたのでしょうか、このオムスビは実は、ただのオムスビではなかったのです。中性子を吸収するホウ酸をフリかけた、要するにフリカケオムスビだったのです。

それを投球コントロールのいい船員が、中性子漏れの箇所めがけて投げつけるというアイデアでした。

何やら漫画チックな話ですが、原子炉はメシツブまみれになりながらも、どうにか中性子漏れは収まりました。

「むつ」第２の人生へスタート

しかし、このようなメシツブまみれの船の大湊港への帰港をむつ市住民は許しませんでした。

この事故に被害者はいませんでしたが、あえて言えば、一番の被害を受けたのは「むつ」だったのではないでしょうか。原子力船として日本の期待を背負って出港したものの、数日後にはメシツブだらけの惨めな姿になり、母港からも帰還を断られたのです。これは悲劇です。喜劇ではありません。

「むつ」が原子力船として復活したのは、1991年になってのことでした。その後、地球を２周するほどの距離を航海して、1992年にようやく「むつ」は苦難に満ちた長い勤めを終えたのでした。

しかし、そのころすでに原子力船の時代は終わりを告げていました。

「むつ」はその後、原子炉を降ろし、ディーゼルエンジンに換えて、現在は、海洋研究開発機構（JAMSTEC）所属の海洋地球研究船「みらい」として第 2 の人生？　を送っています。

世界でも最大級の海洋観測船「みらい」。

8-6 ずさんな作業実態が起こした東海村臨界事故

―― 事故原因と事故対応

一般の人々にとって原子核反応という言葉は、身近な言葉ではありません。ようやく放射能、放射線、放射性物質などという言葉が耳に馴染んできた、というところではないでしょうか。

ましてや「**臨界**」などという言葉は、原子力関係者以外の人で聞いたことのある人は少ないでしょう。

ところがこの事故では、いきなり「臨界」という言葉が実害を伴って飛び込んできたのでした。この事故では作業関係者が命を失い、原子炉近くの住民に避難勧告が出されるという、前代未聞の出来事になったのです。

●臨界量を守ることは鉄則中の鉄則

事故は1999年9月30日に起きました。場所は茨城県東海村にあるJCO（株式会社ジェー・シー・オー）の核燃料加工施設です。

ここには高速増殖炉の実験炉「常陽」が設置され、試験運転を行なっていました。事故は常陽のための燃料をつくっている最中に起こりました。

事故の原因は後に多くの批判を浴びましたが、ずさんとしか言いようのない現場での作業実態によるものでした。

「**臨界量**」とは、一定量以上のウランを1カ所に固めると、自然爆発する、という核分裂性物質特有の性質に基づくもので、核物質を臨界以上の量にしないというのは、核物質を扱う者にとっては極めて初歩的な知識です。それだけに臨界量を守ることは鉄則中の鉄則になっています。

そのため、核物質が決して臨界量以上にならないように、機器や容器には厳重な形状制限が行なわれ、それらの取り扱いについては厳格に作業手順(マニュアル)が決められています。

そして、作業員はそのマニュアルに従って繰り返し訓練を受け、作業内容は身に染みているはずでした。

この作業手順は一見、非効率的な作業を強いるように見えますが、作業の安全を担保するためには仕方のないことなのです。

茨城県東海村のJCO核燃料加工施設。　(出所：東京新聞)

●事故のあらましを振り返る

当時現場では、ウラン酸化物を再転換する作業の一環を行なっていました。正規マニュアルによれば、ウラン酸化物を溶解する工程では、臨界に達しないように「**溶解塔**」という装置を用いることになっていました。

ところが現場では、この正規マニュアルは「非効率的」だということで無視され、何と違法の「裏マニュアル」がつくられていました。それによれば「ステンレスバケツ」や柄杓(ひしゃく)を用いることになっ

図 8-6 ● 正規の作業と裏マニュアルによる作業

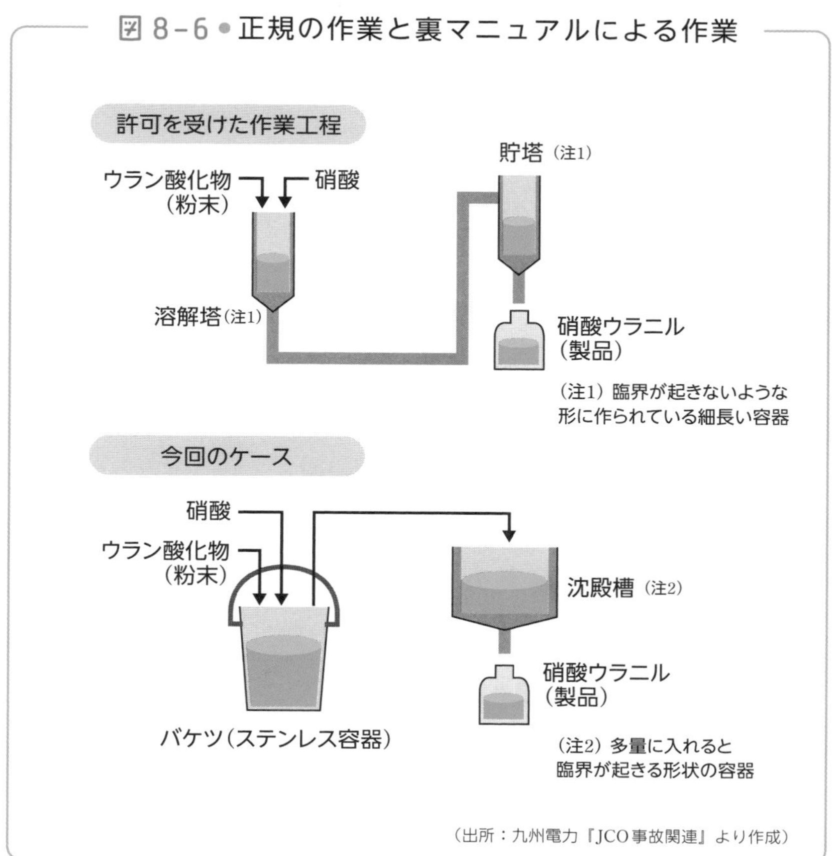

(出所：九州電力『JCO事故関連』より作成)

ていたのだそうです。

さらに正規マニュアルでは、溶液は形状制限がなされた「貯塔」に入れることになっていましたが、裏マニュアルでは冷却水ジャケットに包まれた「沈殿槽」に入れていました。

その結果、まさしく作業中に臨界に達し、臨界の特異的現象である青い発光(一般にチェレンコフ放射と言われるようですが、それとは違う現象だったともされています)とともに大量の中性子が放出され、作業をしていた3人が被曝したのでした。

臨界に達した核物質は核分裂を起こし続けます。そしてその間、周囲に核分裂生成物としての放射性物質を放出し続けます。

事故の原因のひとつには、裏マニュアルの容器である沈殿槽を囲む冷却水ジャケットがありました。この水が減速材となり、中性子を、核分裂を継続するための適正な速度に落としていたのです。

核分裂を止めるには、沈殿槽を囲む冷却水ジャケットに入った水を抜く以外にありません。

関係者らが決死の思いで現場に突入して水を抜き、その後、中性子吸収材のホウ酸水を注入することによって、核分裂反応はようやく沈静化しました。事故発生から20時間がたっていました。

●対応のまずさで被害の規模が広がった

被害者は、現場関係者としては事故を起こした3人、水抜きをした18人、それにホウ酸水を注入した6人、合わせて27人でした。

しかし、事故の被害はそれだけではありませんでした。現場から半径350m以内の民家約40世帯に避難要請、500m以内の住民に避難勧告、10km以内の住民(約31万人)に屋内退避、換気装置の停止が呼びかけられました。

その上、現場周辺の道路は封鎖され、JRの運転も見合わせになるなど、事故の影響は果てしなく広がったのでした。

それだけ大規模の避難をしたにもかかわらず、公に認められた被曝者の総数は667人にものぼりました。被曝者の中には、事故の内容を知らされずに出動要請を受けた救急隊員3人も含まれていました。

このようなことから、事故を起こした後のJCOの対応の遅れと、まずさが非難を浴びることになりました。

科学技術庁に事故の第一報が入ったのは、事故発生から44分後でした。政府内に事故対策本部が設置されたのはそれから3時間40分後だったと言います。

誰もこのような大事故になるとは思っていなかったのかもしれません。対応の甘さを指摘されても仕方のない事故でした。

夢を壊した高速増殖原型炉「もんじゅ」の事故

―― 核燃料サイクル構想

「もんじゅ」の事故は原子力発電施設で起こった事故でしたが、放射線漏洩は起こらず、被害者も出ませんでした。その意味では小さい事故だったのかもしれません。しかしこの事故が、その後の国の核燃料サイクル構想に与えた影響は大変に大きなものでした。

日本の原子力構想は、推進するか、撤退するかで常に議論が伯仲しています。どちらの立場にしろ、不注意による失敗は許されない状況にあると言えるでしょう。

●「夢いっぱい」の原子炉で事故は起きた

事故は1995年12月８日に起きました。原子炉は福井県敦賀市にある**高速増殖原型炉「もんじゅ」**でした。

高速増殖炉については次章で詳しく説明しますが、言ってみれば「夢いっぱい」の原子炉です。

何しろ、燃料を燃やすと、燃やした燃料以上の燃料が戻ってくるというのです。当たり前に考えたら、あり得ないことです。大げさに言ったら資本主義を否定するような話です。でも、科学的に言うと不合理でも何でもないのです。

高速増殖炉の原理は後に譲るとして、ここでは事故の話を進めましょう。

国は、普通の原子炉で燃やすと出てくるプルトニウムを高速増殖炉の燃料として燃やし、その結果、増殖して戻ってくる燃料(プルトニウム)を利用して原子力を永続的に回転利用するという、夢の原子力サイクルを考えました。その原型炉に次ぐ段階のための原型炉が「もんじゅ」だったのです。

高速増殖原型炉「もんじゅ」

(出所：Nife's photo)

●事故の原因は冷却材のナトリウムだった

普通の原子炉は、核分裂反応で出てくる高速中性子を減速材(水)で減速して熱中性子(低速中性子)として用います。しかし、高速増殖炉では、その名の通り、中性子は高速のままでないといけないのです。

ということは、原子炉の中に減速材、つまり水が存在してはいけないということです。それでは、冷却材に何を使えばいいんだ？ということで選ばれたのが、原子量22.99のナトリウム(Na)でした。

ところがナトリウムは、水に触れると高熱と水素ガスを発生します。その水素ガスが高熱で発火して激しい爆発を起こします。そのため、ナトリウムの取り扱いには万全の注意が必要です。

事故は、そのナトリウムが配管にできた穴から漏れ出したことで起きました。配管に穴が開いた原因は、配管の温度を計るために取りつけた温度計(熱電対)でした。

温度計は液体ナトリウムが高速で流れる配管の内部に突き刺してあったのですが、それがナトリウム流によって振動し、付け根に金

図8-7●「もんじゅ」のナトリウム漏洩箇所

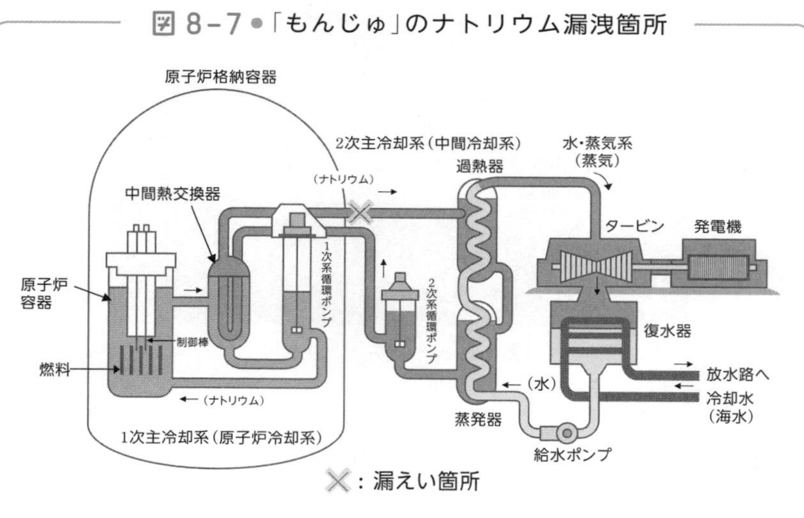

○事故の主な経緯

1995年12月8日、旧動燃(現在の日本原子力研究開発機構)の高速増殖原型炉「もんじゅ」で試運転中に、原子炉出力の上昇操作をしていたところ、ナトリウム漏えい事故が発生した。調査の結果、配管に設置してあったナトリウム温度計から漏えいし、空気中の酸素と反応してナトリウム火災を起こしたことが分かった。

○事故の影響

2次主冷却系の事故であり、周辺公衆および従事者への放射性物質による影響はなかった。また、原子炉は安全に停止し、炉心への影響もなかった。しかし、現実にナトリウム漏えいが生じ、ナトリウム火災の影響を拡大させ、また、旧動燃の情報公開等に問題があったことも明らかとなり、地元の住民をはじめ多くの国民に不安感および不信感を与える結果となった。

(出所:日本原子力文化財団『原子力・エネルギー図面集』より作成)

属疲労が溜まって欠損し、その穴から高温（700～750℃）の溶融ナトリウムが漏れ出したのです。

●事故の影響は核燃料サイクル構想に

漏れ出したナトリウムは640kgでしたが、回収されたのは410kgでした。つまり、残り230kgは換気系を通じて屋外に放出されたものと思われます。しかし、環境へのナトリウムの影響は認められなかったということです。

漏れ出た高温のナトリウムは床に敷いた厚さ6mmの鉄板に守られてコンクリートには達しませんでした。そのため、ナトリウムとコンクリートの反応は起きずにすみました。

この事故では、

①警報が出た後、原子炉停止までに時間がかかったこと

②ナトリウム抜き取りまでに時間がかかったこと

③換気系の停止までに時間がかかったこと

などが反省点として挙げられました。

「もんじゅ」はその後、修理をして実験再開にまでこぎつけましたが、原子炉内に燃料を搬入している最中に、燃料交換用装置をクレーンから原子炉内に落下させるという、信じられない初歩的な事故を起こし、実験再開は延期されました。

その後も内部の管理体制の不十分さが明るみに出て、結局、最初の事故から20年以上たった2016年、「もんじゅ」は正式に廃炉が決定されました。プルサーマルと高速増殖炉を二本柱とする国の核燃料サイクル構想に大きな影響を与えるものとなりました。

げんしりょくの窓

コンクリートとナトリウム

8－7節でナトリウムとコンクリートの間に鉄板が敷いてあったので、両者の反応が起きなかった、と言いましたが、これはどういう意味を持つのでしょうか。

それを考えるには、コンクリートがどういうものかを知っておく必要があります。コンクリートはセメントという灰色の粉と、砂や砂利と水を混ぜてこねてつくります。

この泥のようなものがなぜ固まって石のようなコンクリートになるのでしょう？　水が蒸発するからでしょうか？　水が蒸発したらもとのセメントの粉と砂利に戻るだけではないのでしょうか？

コンクリートは水をタップリ含んでいます。意外かもしれませんが、コンクリートは水のおかげで固まっているのです。セメントを練るときに使った水は、決して蒸発してなくなることはありません。水はそのまま残ってコンクリートの成分になるのです。つまり、コンクリートはセメントと砂利と水の混合物なのです。

もし鉄板に穴が開いて高温のナトリウムがコンクリートに達したら、どうなるでしょう？　ナトリウムがコンクリートに含まれている水分と反応して爆発でもしたら、大変な事故になった可能性があるのではないでしょうか。

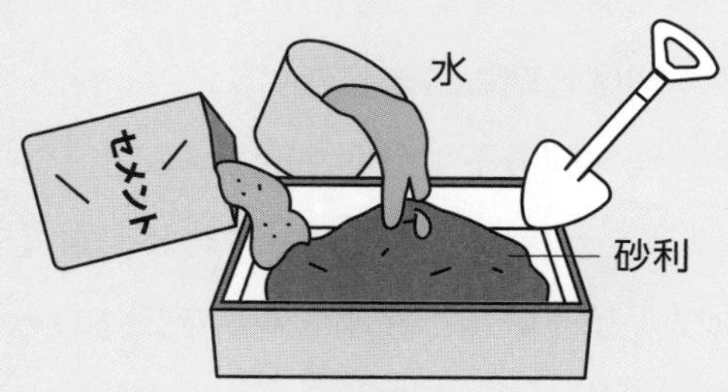

8-8 2011年3月11日に起きた福島第一原子力発電所事故

―― 東日本大震災

2011年3月11日14時46分、青森県から茨城県にかけての東北・関東地方太平洋沿岸の広大な地域を、マグニチュード9.0という巨大地震「東北地方太平洋沖地震」が襲いました。

しかし震災の影響は、大きな揺れだけではすみませんでした。巨大地震に続いて巨大津波が被災地を襲ったのです。津波の高さは岩手県宮古市で38.9mに達したと言います。被害は津波によるもののほうが大きかったのでしょう。死者、行方不明者の数は2万人を超えるとも言われています。

●非常用発電装置が致命的な傷を負った

この震災に原子炉も無事ではすみませんでした。福島県双葉郡には東京電力の**福島第一原子力発電所**(以下、福島第一原発と略)があり、1971年から1979年にかけて運転開始した1～6号機まで合計6基の原子炉のうち、1～3号機までの3基が稼働中でした。

この原子炉群を震度6の地震と高さ14mの津波が襲ったのです。発電施設は地震そのものにはある程度耐えたのではないかと言われていますが、津波にはかなわなかったようです。

その津波も原子力発電施設の心臓部に大きな傷を負わせることはできなかったようですが、周辺、特に付属の非常用発電装置部分に致命的な傷をもたらしてしまいました。

東京電力・福島第一原子力発電所

（出所：IAEA Imagebank）

●事故の経過はどうなっていたのか

地震の発生に対して、稼働中の１ ～ ３号機はいずれも正常に作動しました。すなわち地震発生と同時に制御棒が自動的に挿入され、炉内の中性子を吸収して原子炉は自動停止しました。核分裂は完全に停止したのです。

しかし原子炉の燃料体は、核分裂をやめた後も発熱を続け、その熱量は核分裂を起こしているときの３％に達したと言います。発熱を続ける使用済み核燃料をそのままにしておくと高温になり、燃料体が融けて**メルトダウン**してしまいます。

メルトダウンした核燃料は、圧力容器の底に落ちて底を破り、格納容器の底も破って地中深く潜っていきます。それだけは食い止めなければなりません。

そのためには原子炉に冷たい水を供給して冷やす以外ありません。ところが外部電源装置が津波で壊され、ポンプが動きません。燃料体は発熱して高温になり、冷却水は沸騰を続けます。結局、圧力容器の中は水蒸気によって高圧となります。

3月12日には格納容器内の圧力が高まってきました。格納容器が高圧のために爆発しては大変なことになります。緊急措置として、格納容器の非常用バルブを開けて（ベント）、水蒸気を放出しました。

水蒸気放出と同じころ、1号機で爆発が起こり、格納容器を覆う建屋が破壊され、残骸が飛散するという衝撃的な事故が発生しました。同じような爆発は3号機、さらには停止中の4号機でも起こりましたが、いずれも水素爆発と言われています。

福島第一原発3号機建屋の爆発後の外観。

（出所：資源エネルギー庁）

図8-8●福島第一原発1～4号機事故の経緯

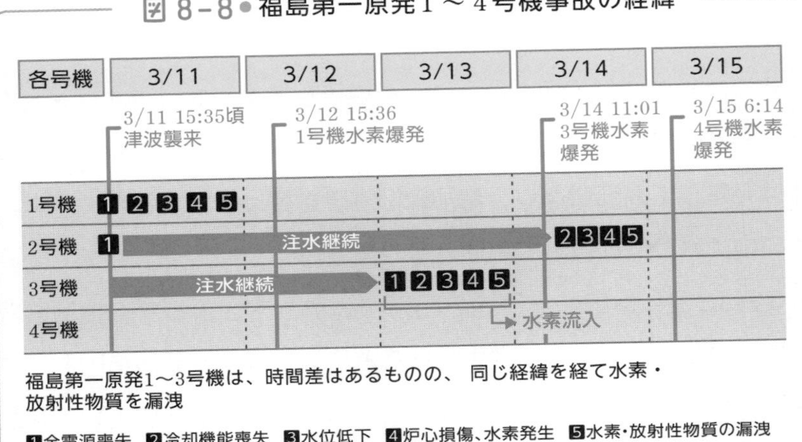

福島第一原発1～3号機は、時間差はあるものの、同じ経緯を経て水素・放射性物質を漏洩

❶全電源喪失 ❷冷却機能喪失 ❸水位低下 ❹炉心損傷、水素発生 ❺水素・放射性物質の漏洩

（出所：福島大学『なぜ、福島第一原子力発電所の事故が起こったのか？』より作成）

それは燃料体を覆う保護材である、ジルコニウム金属が高温になって水と反応し、水素ガスを発生して、その水素ガスに火がついたためです。決して原子炉が核爆発したのではありません。

しかし、この爆発によって放射性物質が空気中に飛散したものと思われます。

急を要する原子炉冷却のためにとった苦肉の策は、原子炉に海水を注入するというものでした。それも、ポンプが動かないので消防車のポンプで注入したのでした。

●放射能汚染除去

海水冷却などによって、原子炉の加熱問題はどうにか収束しましたが、原子炉周辺は水素爆発や原子炉ベントなどによってまき散らされた放射性物質で汚染されています。避難した住民が戻ってくるためには汚染を除去しなければなりません。

消火作業で出た水や、放射性物質によって汚染された地下水は、発電施設内につくったタンクに保管することになりました。地表に降った放射性物質は除去しなければなりません。

そのための具体的な方法としては、「取り除く」「さえぎる」「遠ざける」の3つがあります。これらの方法を組み合わせて対策を行なうことが「**除染**」になります。

除染作業は、放射性セシウムを除去し、放射線量を低減させるために行なうもので、その作業内容は一般家庭で行なわれている清掃の手法とほぼ同じです。目に見える一般の汚れを清掃することで、目に見えない放射性セシウムによる汚染も一緒に除去するのです。

事故以来10年以上にもわたる地道な作業によって、被災地のかなりの部分は立ち入り禁止処分が解かれ、希望する住民は戻ってくることができるようになりました。

しかし先にチェルノブイリの事故でも見たように、一見したところ放射線量は減ったようでも、地中にはいまだに残っている可能性があります。放射性物質が残っている限り、その土地で農作物を生産することはできません。

避難指示は解除されても、中には戻ることを拒否する人もいるなど、事故の後遺症は根強く残っています。

原子炉事故の被害は物理的、金銭的なものだけではありません。二度と起こしてはならない事故です。

8-9

戦争やテロという不測の事態に備えて

――ウラン・プルトニウムの存在

これまでの例を見ると、原子炉は建設されたら50年以上稼働します。その間に社会情勢は変化しますし、もしかしたら国家そのものが他の国家に代わっているかもしれません。

あってはならないことですが、原子炉の安全性に関してはテロや戦争の可能性も棄てきれません。

これまでのところ、原子炉が戦争の直接被害にあったり、テロの標的になったりしたことはありません。しかし最近のウクライナ問題を見ていると、原子力発電所が攻撃の標的にされることも決してないとは言い切れない状況のように思えます。

●戦争で原子力発電所が破壊されたら……

原子力発電所が破壊されたら、その放射能被害は攻撃された国だけに留まりません。攻撃を受けた隣国にも被害はおよびます。それだけではありません。無関係な地域にも広く被害がおよびます。このような攻撃が行なわれたとしたら、それは狂気の沙汰としか言いようがありません。

歴史的に見て、人間がいる限り戦争はなくなりません。原子力施設は決して攻撃の対象にはしないと、国連で決議するくらいしか手立てはないのでしょうか。

●テロでウランやプルトニウムが奪われたら……

原発の燃料のウランは、^{235}U含有割合が数%の「**低濃縮ウラン**」です。原子爆弾には含有割合70%以上の「**高濃縮ウラン**」が使われますが、これは原発の燃料の低濃縮ウランからつくることができます。ウランは20%程度に濃縮するのが困難なのであり、それを超えると困難さは低くなるとも言います。

また日本では、使用済み核燃料から**プルトニウム**を取り出していますが、プルトニウムは原子爆弾の材料としてウランよりも優れており、現代の原子爆弾はほとんどがプルトニウムを用いたものだと言います。核兵器をつくろうとする国やテロリストが、ウランやプルトニウムを奪取しようとする可能性がないとは言い切れません。

先に見たように、原子爆弾の容器をつくることは簡単です。原子爆弾をつくるのが困難なのは、爆発物のウランやプルトニウムを用意することが困難だからです。

もしこれらの爆発物がテロリストの手に渡ったら、1カ月後には原子爆弾に姿を変えているのではないでしょうか。

●プルトニウム6kgで原子爆弾ができる

2021年末時点で、日本の保有するプルトニウム量は約45.8トンです。国内では青森県六ヶ所村再処理工場などに約9.3トンを、再処理を委託したイギリスとフランスに合わせて約36.6トンを保有しています。

プルトニウムは6kgで、原子爆弾を1個つくることができます。つまり、45.8トンのプルトニウムは原子爆弾7500発以上に匹敵します。

日本は、プルトニウムを原子炉で燃料として使用することによって減らしていくとしていますが、計画は進んでいません。

もしこれらの核爆弾の原料がテロリストの手に渡ったらどうなるでしょう？　テロの場合、実際の被害にあうのは盗まれた国ではありません。

国際的な信用から言っても、核爆弾の原料の保管は厳重にしなければなりません。

第9章

これから原子力発電はどう進化していくのか

高速増殖炉の燃料増殖の仕組み

—— 夢の原子炉

人類は何百万年もの間、木材をエネルギー源として使ってきました。化石燃料の使用は18世紀中ごろの産業革命時からですから、200年ほどの歴史です。原子炉の歴史はまだ半世紀ほどに過ぎません。赤ちゃんのようなものです。原子炉はこれからも進化、進歩を続けていくでしょう。

ここでは原子力発電が、これからどのように進化していくのかについて考えてみることにしましょう。

原子炉の将来という場合には、技術的な面での将来と、環境的な面での将来という、2つの側面があります。

まずは、技術的な面での将来を考えてみましょう。

●なぜ高速増殖炉が期待されるのか

原子炉が現在抱えている問題のひとつは、**高速増殖炉**の開発でしょう。

現在の原子炉は、ウランが潜在的に持っているエネルギーを十分に利用しているとは言えません。基本的にウラン235（^{235}U）を燃料とする現在の原子炉は、ウランの約0.7％しか利用していないわけです。最終的にはウラン238（^{238}U）も燃えてはいるわけですが、それを入れてもウラン全体の0.75%程度しか利用していないということになっています。

このウランの潜在能力を100%引き出してやるには、高速増殖炉を用いるのが一番よいと思われるのですが、その開発がうまくいっていません。かつて開発に携わった国々も、日本を含めて次々に撤退しています。ロシアだけが最近、商業開発に成功したと言っているので、ロシアからの技術導入を図れば開発は不可能ではないはずです。

「増殖炉」は魔法のような原子炉です。燃料が増殖するのです。つまり、燃料を燃やすとエネルギーを発生し、その上、燃料をつくるというのです。石油ストーブで喩えれば、燃料タンクに石油を半分入れて火をつけると、部屋が温まった上に、石油が増えて、気がつけば燃料タンクが満杯になっている、ということです。

●「高速増殖炉」と言われる意味は？

しかし気をつけてもらいたいのは、「高速増殖炉」の「高速」は、「高速で燃料が増殖する」という意味ではないということです。「高速中性子によって燃料が増殖する」という意味なのです。

例えば、「高速増殖炉」で核燃料1トンを燃焼すると、その1トンの燃料は燃焼（核分裂）して、凄まじいエネルギーを発散して電力を起こしてくれます。

その後で燃料の燃えカス（使用済み核燃料）を調べると、そこに燃えたはずの燃料が、それも1トン以上も存在しているのです。1トン以上なければ増殖とは言えません。増殖炉と言うからには、増殖率は1.0以上なければなりません。

そんなバカなことがあるのでしょうか？　それがあるのです。これを高速増殖炉と言うのです。しかし原理は簡単です。わかってしまえば、ナーンダということになります。

●高速増殖炉の燃料は使用済み核燃料からつくられる

高速増殖炉で使う燃料はウラン(U)ではありません。プルトニウム(Pu)です。プルトニウムは自然界には存在しません。人間が創り出した新しい人工元素です。プルトニウムはウランを使って普通の原子炉でつくられます。

普通の原子炉の燃料は濃縮ウランで、天然ウランに約0.7%しか含まれていない^{235}Uの含有量を数%に高めたものです。ということは、燃料の90%以上は燃料にならない^{238}Uだということです。高速増殖炉で使われるプルトニウム239（^{239}Pu)は、この^{238}Uからつくられます。

つまり、^{235}Uの核分裂で発生した「高速中性子」が^{238}Uに衝突します。すると^{238}Uは中性子を吸収して、質量数が1増えたウラン239（^{239}U)になります。しかし、^{239}Uは大変に不安定なのでβ線(電子、e^-)を放出して原子番号が1増えたネプツニウム239（^{239}Np)になります。^{239}Npもまだ不安定なので、さらにβ線を放出して原子番号を1増やし、^{239}Puになるのです。

このような事情で、原子炉の使用済み核燃料の中には^{239}Puが入っていることになります。

図 9-1-1 ● ^{238}U から燃料の ^{239}Pu への変化

図 9-1-2 ● ウランの核分裂とプルトニウムの生成・核分裂

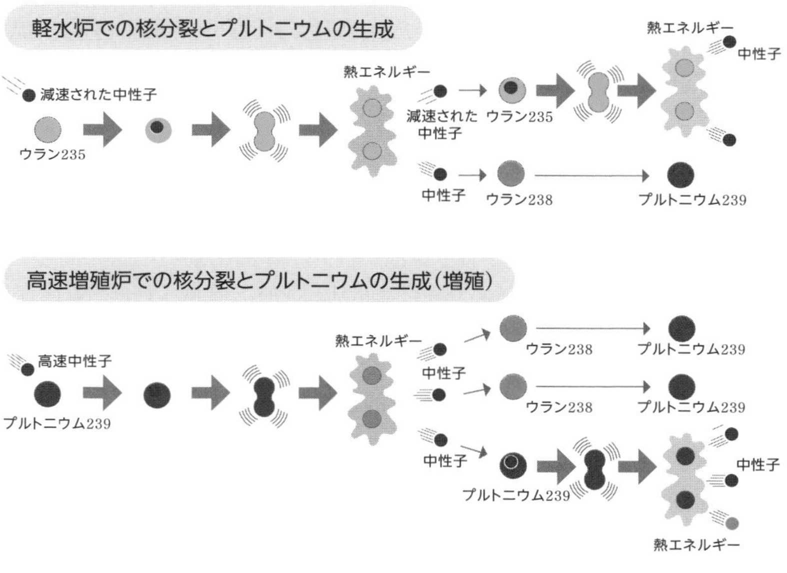

軽水炉での核分裂とプルトニウムの生成

減速された中性子
ウラン235
熱エネルギー
減速された中性子
ウラン235
熱エネルギー
中性子
中性子
ウラン238
プルトニウム239

高速増殖炉での核分裂とプルトニウムの生成(増殖)

高速中性子
プルトニウム239
熱エネルギー
中性子
ウラン238
プルトニウム239
ウラン238
プルトニウム239
中性子
プルトニウム239
中性子
熱エネルギー

(出所：日本原子力文化財団『原子力・エネルギー図面集』より作成)

● 燃料増殖はなぜ、どのように起こる？

高速増殖炉で大切なことは、非核燃料の ^{238}U が核燃料 ^{239}Pu になるためには、「高速中性子」と反応することが必要だということです。この「高速中性子が反応することによって燃料が増殖する」

というのが、「高速増殖炉」の「高速」の意味だったのです。

^{239}Puは^{235}Uと同じように、核燃料として核分裂をします。そしてそのときに高速中性子を放出します。この事実と先の核反応を使えば、燃料の増殖の仕組みは単純でわかりやすくなります。

すなわち^{239}Puの周りを^{238}Uで取り囲み、真ん中の^{239}Puを核分裂させるのです。すると^{239}Puはエネルギー、核分裂生成物とともに高速中性子を放出します。

この高速中性子を周囲の^{238}Uが吸収して、^{239}Puに変化するというわけです。まさしく燃焼した量以上の^{239}Puが生産され、燃料の増殖が起こっているのです。

高速増殖炉はまさに夢の原子炉です。天然ウランの99.3%を占めながら、核燃料にはなれなかった^{238}Uを、核燃料の^{239}Puに変えてくれるのです。

天然ウランの約0.7%しかなかった燃料が、単純計算で考えれば100%まるまる燃料になります。倍率で何と140倍です。ウランの可採埋蔵量で考えれば、現在の70年が一挙に1万年！　に延びるのです。

エネルギー問題としばらくはサヨナラできるかもしれません。

●高速増殖炉の問題点は冷却材にあり

高速増殖炉は単純な原理で実現可能な、素晴らしい原子炉です。ところがこのように素晴らしい原子炉にもかかわらず、ロシアを除けばまだ世界中で実用化された実績がありません。何か問題があるのでしょうか？

原子炉で生じた熱を原子炉外に持ち出して発電機を回すためには、

冷却材（熱媒体）が必要です。

その冷却材としてこれまで用いられていた主なものは、水（軽水、あるいは重水）でした。

ところが軽水も重水も最高の減速材です。つまり、これらは高速中性子を熱中性子（低速中性子）にしてしまうのです。これでは ^{238}U と反応することはできません。

結果的に、高速増殖炉の冷却材として水を用いることはできないのです。

それでは水に代わる冷却材として何があるでしょう？　油はいけません。油は炭化水素であり、水素をタップリと持っています。いわば最高の減速材です。

それでは水銀は？　水銀の比重は13.7もあります。このように

図 9-1-3 ● 高速増殖炉の仕組み

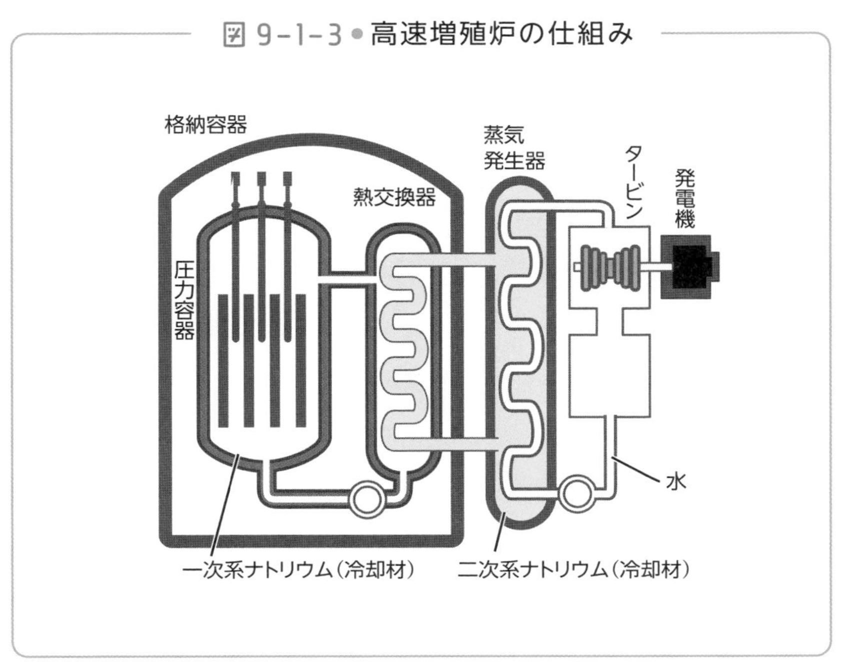

重いものが高速で移動するためには、原子炉容器、配管がよほど頑丈なものでなければならず、実用的ではありません。

ということで、現在は、軽くて(比重0.97)融点の低い(97℃)金属ナトリウムが冷却材に用いられています。

しかし、ナトリウムは大変に反応性の高い金属で、水と反応して爆発してしまいます。

1995年に高速増殖原型炉「もんじゅ」で起きた事故は、配管からこのナトリウムが漏れ出したことによるものでした。この事故が原因で日本の高速増殖炉の原型炉「もんじゅ」の研究は廃止となってしまいました。

再開の目途はまだ立っていません。

利点もあるが問題点もある トリウム原子炉の開発

── レアアース問題

現行の原子力発電は、原子核の核分裂反応を用いてエネルギーを取り出し、それを電気エネルギーに換える装置です。現在稼働しているほとんどすべての通常型原子炉では、燃料として ^{235}U を用いています。

しかし、原子炉の燃料となる原子核は ^{235}U だけではありません。人工元素ではありますが、^{239}Pu も燃料となります。

ところが、自然界に存在する元素でも、燃料となり得る元素があります。それがトリウム232（^{232}Th）です。

●原子炉の目的は軍事利用か平和利用か？

20世紀中葉、原子炉の可能性について熱い議論が交わされました。その当時、将来の原子炉燃料の候補に挙がったのは、ウランと**トリウム**(Th)だったと言います。

ウランがいいのか、トリウムがいいのかは意見の分かれるところだったようです。

しかし結果として採用されたのは、ウランでした。なぜでしょうか？　原子炉は誰のためにつくられるのでしょうか？

①昔はウランが有利だった

原子爆弾の製造を計画している国の動向を見ればわかるように、核エネルギーの話には、核兵器の話が影のように寄り添います。

ましてアメリカとソビエト連邦共和国（現ロシア）の東西両陣営というものが存在し、冷戦が繰り広げられていた当時は、核兵器の影は世界全体を覆う濃いものでした。

ウランかトリウムかの論戦に断を下したのは、軍事的な効用だったと言います。

核爆弾にはウランかプルトニウムを使います。そして核爆弾として優れているのは、小型で強力な爆発力をもたらすプルトニウムです。ウラン原子炉が稼働すれば、望まなくてもプルトニウムが生産されます。ところがトリウム原子炉は、プルトニウムを生産しないのです。

②現在はトリウムが有利？

プルトニウム生産を除いて、純粋にエネルギー面での比較を行なえばトリウムのほうが有利とも言えます。

特に現在では、核の拡散が問題になっています。核爆弾を持つ国が今より増えたのでは、不測の事態に対処できないというわけです。そのため、使用済み核燃料の再処理によるプルトニウムの抽出や保持、まして使用には各国が神経をとがらせています。

このようなときに、プルトニウムを生産しないというトリウム原子炉の特徴は、長所にこそなれ、短所になることはない、というわけです。

●トリウム原子炉の有利な点は何か

地殻中に存在する全元素86種類(希ガス元素は地中には存在しません)の存在濃度とその順序を表した指標にクラーク数というものがあります。

①トリウムの存在量

クラーク数(地表付近の元素の存在割合を質量%で示したもの)によると、ウランは53位で濃度は 4 ppmです。

それに対してトリウムは38位で12ppmと、ウランの 3 倍も多く存在します。

38位というのは、ヒ素(49位)、水銀(65位)、銀(69位)などよりよほど多く存在するということです。

しかも天然トリウムは、珍しいことに同位体がほとんどなく、ほぼ100%が核燃料になる放射性のトリウム232 (^{232}Th)であるというのも大きな利点です。

トリウム原子炉では核燃料としてこの^{232}Thを使います。しかしトリウムそのものを核分裂させるのではありません。^{232}Thに中性子を放射すると^{233}Thになり、^{233}Thはβ崩壊してプロトアクチニウム233 (^{233}Pa)となり、さらにβ崩壊してウラン233 (^{233}U)になります。

そして、この^{233}Uが熱中性子によって核分裂を起こし、原子核エネルギーを放出するというわけです。

とはいうものの、これらの反応をいちいち止めて、その都度、生成物を取り出す必要などありません。これらの反応は原子炉の中で自動的に進行し、最後の段階までいって、エネルギーと核分裂生成

図 9-2 ● トリウムから核燃料 ^{233}U への変化

$$^{232}_{90}\mathrm{Th} \xrightarrow[\text{を吸収}]{\text{n(中性子)}} {}^{233}_{90}\mathrm{Th} \xrightarrow{\beta\text{線を放出}} {}^{233}_{91}\mathrm{Pa} \xrightarrow{\beta\text{線を放出}} {}^{233}_{92}\mathrm{U}$$

物(使用済み核燃料)だけが原子炉から送り出されてくるという仕組みになっています。

高速増殖炉で ^{238}U が高速中性子と反応して ^{239}Pu となるのと似ています。

②トリウム原子炉の実績

トリウム原子炉は新しいタイプの原子炉であり、解決しなければならない問題もありますが、実はこの原子炉は、すでに1960年代に数年にわたって安全に稼働していたという実績もあります。

今後各国が本腰を入れたら、実用的な商業炉の開発はそれほど難しくないかもしれません。

本当の問題点は、ウラン原子炉で完成している現在の原子炉体系、インフラ群の中に、新しいコンセプトのトリウム原子炉をどのようにして混ぜていくかという、経済的、政治的な面にあるかもしれません。

トリウムに絡んではもうひとつ問題があります。それはトリウムの産出です。

現在、インド、中国はウラン資源に乏しく、ウランの輸入国です。ところがトリウムに関しては逆になります。インドや中国に多いのです。

トリウムは、今問題になっているレアアース(希土類)と一緒に産出されます。

中国は世界のレアアース埋蔵量の30%、生産量の90%以上を誇ります。中国のレアアースに占めるトリウムの割合は、インドのレアアースに比べて低いと言われますが、それにしても量が圧倒的です。

トリウム原子炉は今後、中国―インドを軸にして世界の原子力戦略に大きな影響を及ぼしていくのではないでしょうか。

日本も準備が必要かもしれません。

げんしりょくの窓

トリウムとレアアース

現代科学産業に欠かせない金属元素のうち、わが国でほとんど産出されないものを**レアメタル**と言います。天然に存在する金属元素およそ70種類のうち、47種類がレアメタルに指定されていますが、その中の17種類を特に**レアアース（希土類）**と呼びます。

レアアースは発光性、発色性、磁性、レーザー発振性など、現代科学産業の中でもとりわけ最先端部分に関与する元素です。ところが、このレアアース元素の鉱石に相当する、モナザイト鉱石には**トリウム**が含まれています。多い場合には10%ほども含まれると言います。

レアアースは多くの国で産出されますが、単離精製して市販されているものは大部分が中国製です。その理由は17種類のレアアース金属は、互いに性質が酷似していて単離が難しいということもありますが、もうひとつは危険な放射性元素トリウムを含むことにあると言います。

日本で単離精製の工場をつくろうとしても、住民が許さないでしょう。環境問題におおらかな中国だからできるのだと言うのです。

希土類元素一覧

原子番号	元素記号	元素名
21	Sc	スカンジウム
39	Y	イットリウム
57	La	ランタン
58	Ce	セリウム
59	Pr	プラセオジム
60	Nd	ネオジム
61	Pm	プロメチウム
62	Sm	サマリウム
63	Eu	ユウロピウム

原子番号	元素記号	元素名
64	Gd	ガドリニウム
65	Tb	テルビウム
66	Dy	ジスプロシウム
67	Ho	ホルミウム
68	Er	エルビウム
69	Tm	ツリウム
70	Yb	イッテルビウム
71	Lu	ルテチウム

モナザイト：リン酸塩鉱物で化学組成はXPO_4。Xには希土類元素のセリウム（Ce）、ランタン（La）、プラセオジム（Pr）、ネオジム（Nd）のほかにトリウム（Th）などが入る。

1950年代の第1世代から次世代原子炉まで

── 原子炉の進化

2011年に起こった福島第一原発事故の悲惨さに打たれた世界は、原子力発電から手を引いたように見えました。

しかし、化石燃料による二酸化炭素増大に基づく地球温暖化、地球規模の気象変動を受け、最近また原子力発電の採用に傾く動きが見られます。

原子力に代替するかと期待された再生可能エネルギーが脆弱だったこと、ウクライナ危機に伴うロシアエネルギー離れなどが、その動きに拍車をかけているようです。

●原子炉のこれまでの進化の足跡

それにしても、今までと同じ原子力発電所をつくっていたのでは、またいつか同じような事故が起きないとも限りません。原子炉が誕生してから80年がたった今、新しいアイデアが生まれ、新たな技術も開発されています。

それらを活用して新しい次世代原発をつくることはできないものでしょうか。

次世代原発の開発には、大きく２つの流れがあります。

ひとつは、商用原子炉として実績がある「軽水炉」の改良です。

そしてもうひとつが、トリウム溶融塩炉や、高速増殖炉などの、軽水炉とはコンセプトや仕組みが異なる原子炉の開発と実用化です。

●第1世代(1950年代～)実験炉
第2世代(1970年代～)軽水炉

軽水炉とは、核燃料が発生するエネルギーを、軽水(普通の水)を使って取り出す原子炉です。

燃料が入る圧力容器は水で満たされており、核分裂のエネルギーで水を加熱して水蒸気をつくり、その蒸気でタービンを回して発電します。

福島第一原発は外部電源喪失でポンプが止まり、圧力容器内の水を補給できなくなったことで、燃料が過熱してメルトダウンを起こしてしまいました。

アメリカ原子力規制委員会(NRC)は、建設時期などで原子炉を世代分けしています。

第1世代は、1960年代半ばまでにアメリカなどで開発された実験炉です。

第2世代からが商用炉で、1990年代半ばまでに建設されたものです。福島第一原発も第2世代になります。

●第3世代(1990年代～)軽水炉

第3世代は、第2世代までの原子炉を改良したもので、原子炉を大型化し、ポンプや電源の多重化など、安全機能を強化したものです。もちろん福島の事故を受けて、地震対策として免震装置の導入も検討しています。

事故発生時に運転員の手を介さず、自動的に放射性物質の飛散を食い止めるように稼働する「**パッシブセーフティー**」という考え方をとり入れた原子炉も登場しました。

中には、格納容器の上方に巨大なプールを備え、容器内の温度が急激に上昇すると、自動的にプールのバルブが開き、水が重力で落下して原子炉を冷却し、過熱事故を未然に防ぐというものもあります。

原始的なアイデアだけに信頼性があります。

●第4世代(2030年代〜)次世代原子炉

次世代原発のもうひとつの潮流が、2030年以降の実用化を目指す第4世代原子炉です。

これは冷却材に水を使いません。つまり「もんじゅ」のようなナトリウム冷却炉や、中国が実用化に取り組んでいるトリウム溶融塩炉です。

①ナトリウム冷却炉

ナトリウム冷却高速炉は、炉心を水ではなく金属ナトリウムで冷やします。燃料には軽水炉と同様、ウランを使います。**MOX燃料**(ウラン・プルトニウム混合酸化物)を使えば、発電すると燃料が増える「**高速増殖炉**」になります。

しかし、金属ナトリウムは湿った空気と接触すると、水素ガスを発生して発熱し大爆発に至るため、扱いづらく危険です。

また増殖炉の開発コストもかさむので、アメリカやイギリスなど

はすでに撤退しましたが、新興国やフランスでは開発が続いているようです。

ロシアは商業用に成功したと言いますから、後に続く国が出てくるかもしれません。

②トリウム溶融塩炉

トリウム溶融塩炉は、1970年代にアメリカで実証炉の運転実績がありますが、ウランの軽水炉が世界の主流になったため、長い間顧みられませんでした。

しかし近年、再び脚光を浴びてきました。その理由のひとつは、長年の軽水炉の運転で生じたプルトニウムの処分に使えるからです。

図 9-3 ● 世界の原子力技術をめぐる動向

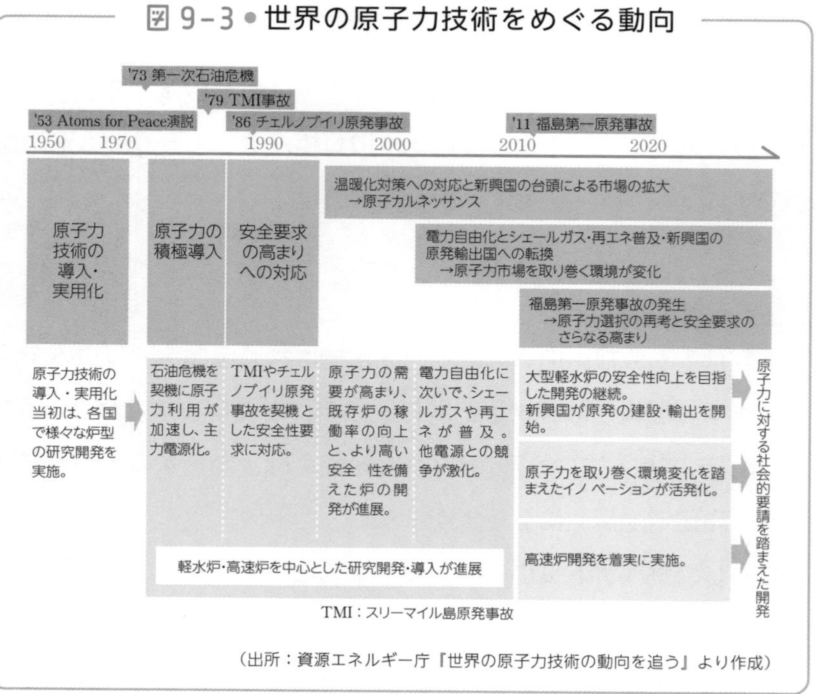

（出所：資源エネルギー庁『世界の原子力技術の動向を追う』より作成）

またトリウムは、レアアース（希土類）の採掘に伴う副産物であり、中国などレアアース開発が盛んな国では、膨大な量のトリウムの処分に苦慮しています。その解消にも恰好です。

トリウム溶融塩炉の特徴は、トリウムと各種の塩と呼ばれる金属化合物の混合物を加熱溶融し、その液体を燃料として使うことです。溶融塩は液体ですが、高温で水蒸気になる水とは異なり、高温にしても体積膨張はほとんどありません。

そのため、容器内は常に常圧なので、容器からの漏洩などが起きにくくなります。

もし温度上昇などが検知されたら、炉の底のバルブを開き、液体燃料が原子炉下部の専用容器に落ちて反応が止まるようにすることもできます。

これも原始的な安全対策だけに信頼が置けそうです。

9-4 やがて寿命がくる原子炉の新陳代謝
——放射性廃棄物の処理

原子力発電施設は最新鋭の素材と設計を結集してできていますが、建造物であることに変わりはありません。当然、寿命があります。どのような原子炉もいつかは廃棄、取り壊しの運命をたどります。世界中では、1990年から2006年の間に110基の発電用原子炉が停止になりました。

そのとき、発電施設や管理施設の取り壊しは、普通の建造物の取り壊しと同じです。基本的に問題はないでしょう。

しかし原子炉はそうはいきません。

●放射性物質が詰まっている原子炉の廃棄

原子力発電所廃棄の問題は、原子炉本体、すなわち格納容器とその内部の圧力容器の廃棄です。ここには放射性物質が詰まっています。しかもそれらの半減期は数万年以上のものもあります。

これら放射性物質は、その放射能が消滅するまで保管しなければなりません。どうしたらいいのでしょうか？

これまでは軽水炉の場合、放射能が弱くなるまでの20～30年の間を安全に貯蔵した後に解体するのがよい方法だと考えられていました。

しかし最近では、解体技術の向上によって、運転停止後、即時解体の方向に移っているようです。最近廃棄になった軽水炉41基のうち21基が即時解体されています。

この方法では、容器や周辺機器に付着した放射性物質の完全除去が重要な技術になりますが、各種の酸や酸化剤、還元剤を駆使する化学技術の発達によって可能になったとのことです。

●原子炉を解体するときの手順

実際の原子炉の解体には、まず、

①使用済み核燃料を圧力容器から搬出し、

②貯蔵プールに保管されていた使用済み核燃料を搬出した後、

③周辺設備が解体されます。

その後、

④原子炉などの解体が行なわれ、

最後に、

⑤建屋などが解体されます。

図 9-4-1●廃炉の主な手順

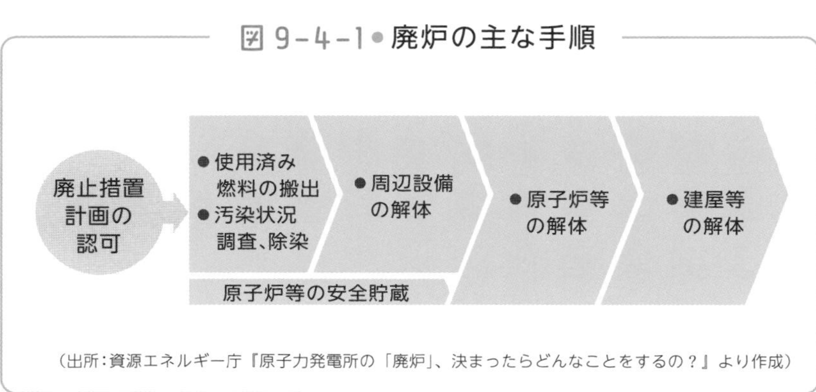

（出所：資源エネルギー庁『原子力発電所の「廃炉」、決まったらどんなことをするの？』より作成）

なお、廃炉作業が始まった原子炉についても、運転中の原子炉とほとんど同じ安全規制が適用されています。

●放射性廃棄物の処理問題

原子力発電では、使用済み核燃料を中心とした放射性廃棄物の処理が問題になります。

地中に埋めるとか、プレート移動の境界面に投棄してマントル中に入れてしまうとか、いろいろなアイデアがありそうです。中にはロケットで宇宙に放り出してしまうとか、太陽まで飛ばしてしまうとか漫画チックなものすらあります。

しかし、一番の廃棄物は原子炉そのものです。格納容器を取り壊したらどうなるでしょう？　内部にはそれまでに発生した放射性物質が溜まっています。

さらに圧力容器を取り壊したら、格納容器取り壊しの比ではありません。

日本は、使用済み核燃料をすべて再処理してリサイクルする方針です。現在のところ、使用済み核燃料の一部は海外で再処理されていますが、それ以外は原発敷地内の冷却プールに保管され、再処理を待っています。

再処理するための施設としては、日本原燃株式会社の再処理工場（青森県六ヶ所村）が予定されています。

使用済み核燃料だけでなく、化学的な再処理の過程でも高レベルの放射性廃液が出ます。このようなものはガラスを混ぜて固めた上で、地下300m以深に埋設処分することが、法令で定められています。

このような汚染物をどのように保管、廃棄するのか、そろそろ先

図 9-4-2 ● 原子燃料サイクル施設の位置

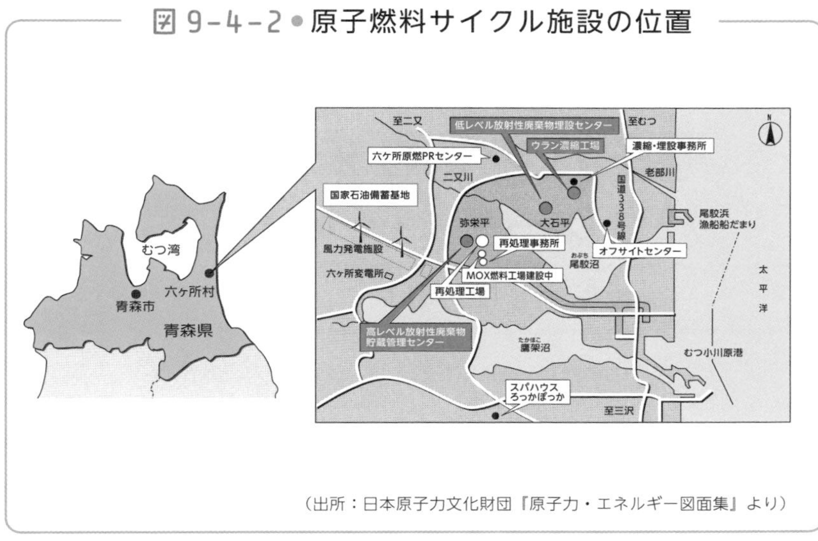

（出所：日本原子力文化財団『原子力・エネルギー図面集』より）

延ばしは許されない状況がさし迫っています。

原子力発電の未来はどうなっていくのか

―― 世界主要国の動向

先に見たように、原子炉に対する世界各国の対応は揺れ動いています。原子炉の有用性を否定する声はありませんが、その危険性を訴える声は溢れています。

しかし、原子炉は技術です。技術を使いこなせない文明は衰退します。メソポタミア文明、インダス文明など、治水技術を使いこなせなくて衰退した文明はいくらでもあります。

ヒッタイト文明は鉄器を発明して栄えましたが、結局、使いこなすことができなくて環境問題で衰退しました。

つい80年ほど前に、原子力という技術を手にした現代文明はこのまま盛隆を続けることができるのでしょうか。それとも核戦争、放射能汚染などで衰退していくのでしょうか。

●世界各国・地域の原発政策の変遷

1979年のスリーマイル島原発事故が起こる前までは、原子力発電は世界から好意を持って迎えられていました。しかし事故を受けて、原子力発電の危険性を懸念する声が広まりました。

1986年のチェルノブイリ事故は、欧州の広い範囲に直接的な影響を与えました。

イタリアはそれまで原発を活用していましたが、1990年に全基が閉鎖されて現在に至っています。ベルギーも1988年に建設計画を撤回し、その後、2003年には建設禁止を法制化しました。

他方で、チェルノブイリ事故が起きたウクライナ自体は、4年後の1990年に新規の建設を凍結しましたが、電力不足に陥ったために3年後にそれを撤回しました。チェルノブイリ原発も、事故を起こした4号機を除いた1～3号機は運転を続けています。

2011年の福島第一原発事故後にあらためて脱原発を表明したのは、ドイツ、スイス、台湾、韓国です。スイスはチェルノブイリ事故以降、一時期凍結していた建設を2000年代に入って容認していましたが、あらためて脱原発の方針を決定しました。

このように、事故と各国・地域の政策との関係だけを見ても、各々の置かれた状況に応じて多様な政策が進められており、さらにさまざまな変遷があったことがわかります。

●国際原子力機関（IAEA）の予測

国際原子力機関（IAEA）は、長期的には原発の重要性は続くと予測しています。世界全体では2022年末現在、31の国や地域で運転可能な原子炉数は437基あります。

①短期的・長期的予測

IAEAは短期的には、天然ガス価格の低下や再生可能エネルギーの利用拡大により、電力価格が下がっている地域では、原発への投資は先送りされると予測しています。

しかし長期的には、以下の要因によって微減、もしくは大幅に増加すると予測しています。

②長期的な増加予測の原因

◎発展途上地域における人口の増加・電力需要の増加

世界人口は2022年に80億人に達し、国連の『世界人口推計2022年度版』では2058年には100億人に達するとしています。それだけの人口を支えるためには、原子力なくしては不可能です。

◎気候変動や大気汚染への対策

環境汚染の主因である化石燃料の使用を止めるには、再生可能エネルギーだけでは不十分です。

◎エネルギー安全保障

少数国家のエネルギー寡占、ロシアに見るような国際紛争問題はいつ起こるかもしれません。

◎他のエネルギー資源価格の変動

エネルギー源の需要・供給関係だけでなく、エネルギー価格の投機的乱高下もあります。

●主要国の原発政策の今はどうなっているか

世界の主要各国の原発政策は、どのようになっているのでしょうか。主な国の動きを見てみましょう(各国の運転中の基数は2022年末現在。次の総発電量に占める原子力の比率は2021年実績値。日本原子力文化財団の資料『世界の原子力発電の状況』による)。

①アメリカ（95基・19.7%）

現在世界で最も多い95基の原発が稼働していますが、多くは1980年代までに稼働を始めたものであり、そのうち91基は寿命を60年に延長しています。スリーマイル島事故の後は、新規建設が途絶えた時期もありましたが、最近では原発の低炭素電源としての価値を見直す動きも見られます。

②イギリス（15基・14.5%）

現在15基が稼働し、総発電量の約14.5%を占めていますが、施設老朽化のため14基が2030年までに閉鎖される予定であり、大幅な電源不足に陥る懸念があります。現在、8基の新設を進めていますが、国内の原子力関連技術が衰退してしまったので、海外の事業者によって開発計画が進められています。

③フランス（56基・70.6%）

伝統的に原発依存度の高い国です。現在も56基が稼働しており、総発電量に占める原発の割合は70.6%と世界有数の原発国です。

④ドイツ

2002年の改正原子力法により、2020年ごろまでに原子炉を全廃するとしましたが、その後、同法は見直され、運転延長が認められました。しかし、福島第一原発事故を受け、再び2022年までに順次、原子炉を閉鎖することにし、当時は6基稼働していましたが、2023年4月15日にすべての原子炉が停止しました。

2035年までに再生可能エネルギーのみによる電力供給を目指す

としています。

⑤中国（48基・4.9%）

急激に増大する電力需要に対応するため、積極的に原発導入を進めています。福島第一原発事故を受けて、一時建設が凍結されましたが、2011年以降に24基が新設され、現在は米仏に次ぐ世界第3位の原発国になっています。

⑥日本

福島第一原発事故の反省から、「原子力発電は可能な限り低減させる」としました。しかし、バランスの取れたエネルギーミックスを実現することが必要との観点から、最近では原子力発電の有用性が見直されています。

図9-5●日本の電源別発電量の推移

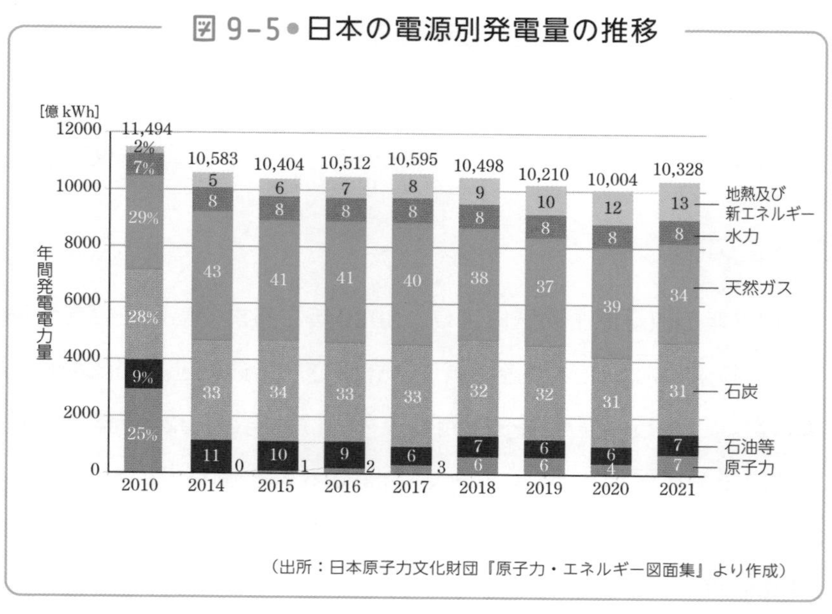

（出所：日本原子力文化財団『原子力・エネルギー図面集』より作成）

第10章

核融合炉は人類の将来を担うエネルギーの切り札？

10-1 太陽と水素爆弾の核融合反応を見る

—— $E=mc^2$

ここまでで見てきた原子炉は、原子核を燃料とはするものの、原子核が行なう反応はすべて核分裂反応でした。

原子核からエネルギーを取り出す反応には、核分裂反応とともに**核融合反応**があります。核融合炉はこの核融合反応を利用して熱を取り出し、それを用いて発電しようというものです。

先に見たように、核融合反応で得られるエネルギーは、核分裂反応で得られるエネルギーに比べて桁違いに大きいものです。核融合炉こそ、人類の将来のエネルギーを握る切り札と言うことができるかもしれません。

●核融合反応が生む核融合エネルギー

核融合反応とは、小さな原子核が融合して大きな原子核になる反応です。

この反応の前後で質量を比べてみると、反応の後には質量が減少しています。これを**質量欠損**と言いますが、この少なくなった質量mがアインシュタインの式$E=mc^2$に従って、エネルギーEに変化するのです。

このエネルギーは一般に**核融合エネルギー**と呼ばれ、太陽などの恒星が輝くエネルギーになり、水素爆弾の破壊エネルギーになり、人類が発電のために利用しようとしているエネルギーになるのです。

核融合反応は多くの種類がありますが、よく知られた例を見てみましょう。

●太陽で起こっている核融合反応

核融合反応で最もよく知られているのは、恒星である太陽が行なっている核融合反応でしょう。この反応は、4 個の水素原子核 ^{1}H が融合して、1 個のヘリウム原子核Heになります。

$$4\,^{1}\mathrm{H} \quad \rightarrow \quad ^{4}\mathrm{He}$$
$$(1.008\mathrm{kg}) \rightarrow (1.001\mathrm{kg})$$

カッコの中の数値は原料、生成物それぞれの質量です。すなわちこの反応では、0.7%の質量欠損が起こっていることがわかります。この質量欠損が莫大なエネルギーに転換されているのです。

つまり、太陽は毎秒 5.64×10^{11}kg（5 億6400トン）の水素を反応させて、全体で約 $4 \times 10^{26}\mathrm{J \cdot s^{-1}}$ のエネルギーを出しています。これは何と、広島型原子爆弾 5 兆個分のエネルギーになります。

地球が受け取っているエネルギーは、その約20億分の 1 に過ぎません。

●水素爆弾で起こっている核融合反応

水素爆弾のエネルギー源は 2 個の原子核、重水素(D)とトリチウム(T)の核融合反応であり、その反応は下の式で表されます。

$$\mathrm{D}\ (^{2}\mathrm{H}) + \mathrm{T}\ (^{3}\mathrm{H}) = {}^{4}\mathrm{He} + {}^{1}\mathrm{n}$$

この反応はDとTの反応なので一般に**DT反応**と呼ばれ、核融合反応としては最大のエネルギーを発生することが知られています。

この式では水素爆弾の原料が重水素Dと三重水素T(トリチウム)となっています。しかし、三重水素^{3}Hは半減期12年でヘリウム3(^{3}He)に壊変します。つまり、三重水素は時間経過とともに減少するのです。

これはせっかくつくった水素爆弾の、兵器としての性能が落ちることを意味します。まるで魚や野菜などの生鮮食品のようなものです。だんだん鮮度が落ちてくるのです。

この点を補うために、水素爆弾の内部で、爆発するときに三重水素をつくり、そのできたての三重水素を核融合反応の燃料にするという方法もあります。つまり三重水素をリチウム(^{6}Li)と中性子nの核反応からつくるのです。

$$^{6}\mathrm{Li} + {}^{1}\mathrm{n} = {}^{3}\mathrm{H} + {}^{4}\mathrm{He}$$

●核融合炉に用いる核融合反応

核融合炉に用いることのできる核融合反応はいろいろありますが、現在最も有力と考えられているのは、重水素^{2}H(D)と三重水素^{3}H(T)を反応させるDT反応です。

この2種の燃料のうち、重水素は海水中に7000分の1の割合で存在しますから、自然界から調達することは難しいことではありません。ほとんど無尽蔵と考えていいでしょう。

問題は三重水素です。三重水素は自然界にはほとんど存在しません。そこで、この燃料の三重水素をも核融合炉でつくることにします。

すなわち、核融合で発生する中性子nとリチウムの同位体^{6}Liを

図10-1●核融合炉に用いる核融合反応

DT反応　$^{2}_{1}H + ^{3}_{1}H \longrightarrow ^{3}_{2}He + ^{1}_{0}n$

Tの生産　$^{6}_{3}Li + ^{1}_{0}n \longrightarrow ^{3}_{1}H + ^{4}_{2}He$

反応させて三重水素をつくるのです。

これは水素爆弾とまったく同じ反応です。ですから核融合炉は水素爆弾の平和利用版と言うことができるかもしれません。

^{6}Liは天然リチウムの中に7.5%含まれますから、自然界から容易に調達できます。ウラン235（^{235}U）の約0.7%に比べればよほどマシというものです。

このように「原子炉の燃料を原子炉でつくる」というアイデアは、現行のウラン核分裂炉でプルトニウムをつくるというのと同じことで、とりわけ新しいものではありません。

10-2 「実現は30年先」と言っていられない核融合炉の実現

——エネルギー事情の逼迫

DとT、2種類の原子核を融合させるためには、それぞれの原子核の外側にある電子雲を剝ぎ取って、原子核を裸にしなければなりません。つまり、原子を電子と原子核にバラバラにした状態、**プラズマ状態**にしなければなりません。

図10-2●プラズマ状態とは

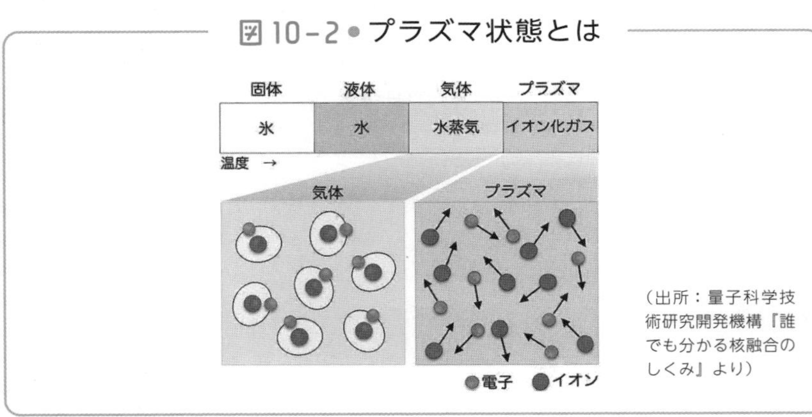

（出所：量子科学技術研究開発機構『誰でも分かる核融合のしくみ』より）

●「臨界プラズマ条件」は達成されている

しかし、原子をプラズマにしただけでは核融合は起きません。核融合を起こすには、そのプラズマが高い運動エネルギー（熱、温度）を持ち、高密度でいる状態を一定時間維持しなければなりません。そうでないと、その条件を維持するために外部から加えるエネルギーと、その結果放出されるエネルギーが釣り合いません。要するに支出が収入以上になるのです。

これが釣り合う条件を「**臨界プラズマ条件**」、あるいは「**ローソン条件**」と言います。それは、「温度１億℃以上、密度100兆個/cm^3以上、持続時間１秒以上」という大変覚えやすい条件とされています。

努力の甲斐あって、この条件はすでに2007年に達成されています。現在、温度は１億2000万℃に達しています。

●エネルギー懸念の中、政治・経済的条件を超えられるか

核融合炉は人工の太陽です。これが実用化したら、人類はエネルギーの心配をすることはなくなると言われます。

研究は半世紀以上にもわたって懸命に行なわれており、一定の成果を上げていますが、実現はまだ先のようです。

私が学生時代の50年前には、実現は30年以上先と言われていましたが、現在も相変わらず30年以上先と言われています。

その理由は核融合炉の開発研究そのものが困難ということもありますが、研究者が少ない、研究予算が少ないという政治・経済的な問題もあります。

ですが、二酸化炭素排出削減が喫緊の問題となり、再生可能エネルギーも万全ではなく、ロシアエネルギーも先行き不透明な現在、各国政府は原子力エネルギーを再評価する姿勢を見せており、その中に核融合炉も含まれていることから、今後、核融合炉開発に加速がつくことが予想されます。

1億℃の燃料に耐える核融合炉の種類と構造

――磁場とレーザービーム

ところで、1億℃になった燃料をどこに入れるのでしょうか？ 1億℃に耐える素材があるとは思えません。

まったくその通りです。核融合炉では燃料を容器に入れて反応させることはできません。そんなことをしたら、どんな容器でも融けるどころの話ではなく、瞬時に蒸発して気体になってしまいます。

それでは燃料をどのようにして所定の位置に留めておくことができるのでしょうか？　それには「**磁場封じ込め方式**」と「**レーザービーム閉じ込め方式**」という2つの方式が開発されています。

● 1億℃超の燃料をどう閉じ込めるか

①磁場封じ込め方式

磁場封じ込め方式は、磁力線による「カゴ」をつくって、その中にプラズマを外に漏れないように留める方法です。燃料のプラズマは電子と原子核に分離していますから、電荷を持っています。これを利用して磁界の力で燃料を保持します。

プラズマの周囲に強力な電磁石を置くと、その磁力線に沿ってプラズマが空中に浮くような形で保持されます。そのため、高温のプラズマが他の物体に触れることはなくなります。

この方法にはトカマク型とヘリカル型があります。

◎トカマク型

磁場封じ込め方式の中で最もよく知られているのが、トカマク型です。これは中空の巨大で単純なドーナツ型のパイプ容器と、容器内外にある3つのコイルからできており、磁力線はこのパイプの中を1周するように配置されます。プラズマ内の電流でプラズマを封じ込める方式です。

トカマク型はこれまでに最も多く建設された方式であり、また核融合研究が一番進んでいる方式です。

日本原子力研究開発機構では、JT-60と呼ばれる大型トカマク装置を用いて世界最高のプラズマ性能を達成するなど、核融合炉の実現に向けて着々と研究を進めています。

図10-3-1●トカマク型核融合装置

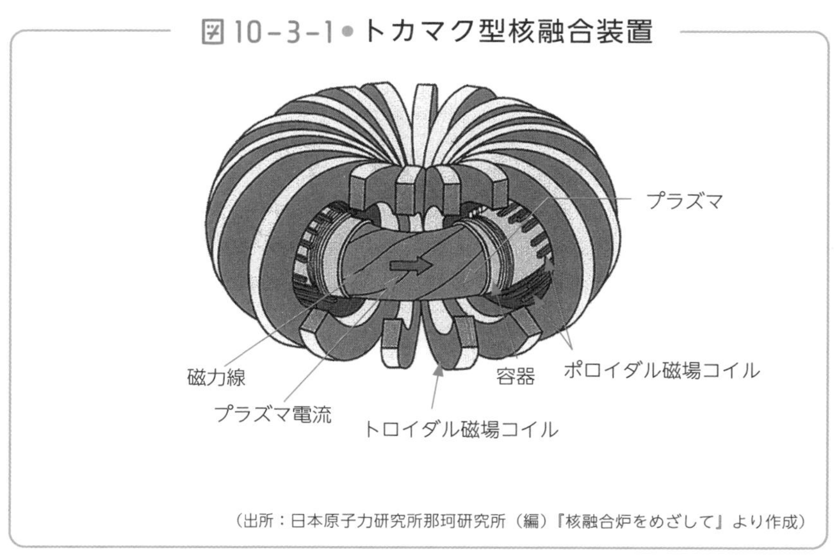

（出所：日本原子力研究所那珂研究所（編）『核融合炉をめざして』より作成）

「トカマク型」の核融合実験装置JT-60SA。
（出所：量子科学技術研究開発機構）

◎ヘリカル型

ヘリカル型は、図10−3−2のように螺旋形状にねじれたコイルに電流を通し、閉じ込め磁場を形成しています。

図10−3−2●ヘリカル装置

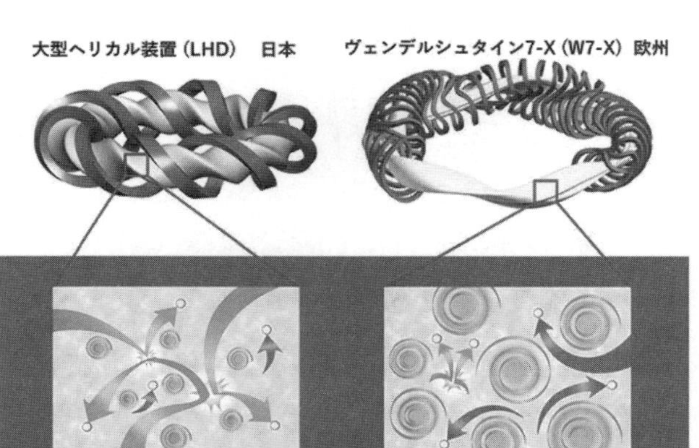

ねじれたドーナツの形をしたプラズマを磁場で閉じ込める。

（出所：核融合科学研究所『閉じ込め装置の性能向上のための比較実験』より）

②レーザービーム閉じ込め方式

これは数mm角の立方体形に小さくまとめた燃料に、四方八方からレーザービーム(ほかに、電子ビーム、軽イオンビーム、重イオンビームなど)を当て、燃料を圧縮させることで高い密度をつくり出し、反応を起こさせる方法です。

これは**慣性閉じ込め方式**とも呼ばれています。

図10-3-3●レーザービーム閉じ込め方式の理論図

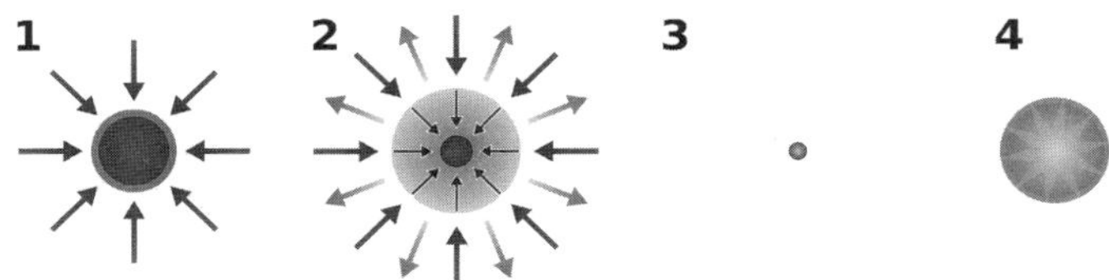

燃料にレーザービームを照射する①。レーザー照射を受けた燃料の外側は高温高圧力になり②、燃料は中心に向かって圧縮される(爆縮)③。こうして瞬間的に核融合反応が起きる④。

10-4 核融合炉を実現する巨大国際プロジェクトができた

——7極35カ国が参加

人類の将来のエネルギーを担う核融合炉にも長所と短所があります。それぞれを見てみましょう。

●核融合炉の長所

◎核分裂による現行の原子力発電と同様、温暖化ガスである二酸化炭素を排出しません。

◎反応形式が核分裂反応のような連鎖反応ではないので、原理的に反応が暴走する危険性がありません。

◎燃料の重水素は海水中に7000分の1の割合で存在し、ほぼ無尽蔵です。ただし、三重水素をつくるための^{6}Liは、レアメタルであるリチウム^{7}Liに7.5%ほど含まれるだけであり、この資源量が気になります。

◎核融合に使える反応はDT反応以外にもいろいろありますから、将来、燃料を変更すれば、上の問題にも対処できるでしょう。

●核融合炉の短所

◎三重水素は放射性物質であり半減期12.32年で、^{3}Heへとβ崩壊する危険な物質です。もしこの三重水素が環境に漏れると、酸素と反応して水になります。こうなったら回収するのはほとんど不可能になります。

◎使用済み核燃料のような放射性廃棄物は出ませんが、反応容器の炉壁などは放射線に汚染されます。

◎超高温で超高真空という物理的な条件により、実験段階から実用段階に至るまでのすべての過程で巨大施設が必要となります。そのため、開発・研究・建設に莫大な費用がかかり、1国だけではまかないきれません。

● 35カ国が参加する超大型国際プロジェクトができた

そこで、人類初の核融合実験炉を実現しようとする超大型国際プロジェクト**国際熱核融合実験炉**（ITER（イーター））が立ち上げられました。ITER計画は、平和目的のための核融合エネルギーが成立することを実証するために始まったプロジェクトです。

ITER計画は2025年の運転開始を目指し、日本・欧州・アメリカ・ロシア・韓国・中国・インドの7極（35カ国）により進められています。

索 引

英字

あ行

か行

さ行

た行

な行

は行

ま行

や行

ら行

著者紹介

齋藤 勝裕（さいとう・かつひろ）

1945年5月3日生まれ。1974年、東北大学大学院理学研究科博士課程修了。現在は名古屋工業大学名誉教授。理学博士。専門分野は有機化学、物理化学、光化学、超分子化学。主な著書として、「絶対わかる化学シリーズ」全18冊（講談社）、「わかる化学シリーズ」全16冊（東京化学同人）、「わかる×わかった！ 化学シリーズ」全14冊（オーム社）、『マンガでわかる有機化学』『料理の科学』（以上、SBクリエイティブ）、『「量子化学」のことが一冊でまるごとわかる』『「発酵」のことが一冊でまるごとわかる』『「食品の科学」が一冊でまるごとわかる』『「毒と薬」のことが一冊でまるごとわかる』『身のまわりの「危険物の科学」が一冊でまるごとわかる』（以上、ベレ出版）など200冊以上。

◉── ブックデザイン　三枝 未央
◉── 編集協力　入倉 敏夫
◉── イラスト　ナカミサコ
◉── 校正　株式会社ぷれす

「原子力（げんしりょく）」のことが一冊（いっさつ）でまるごとわかる

2023年 12月 25日　初版発行
2024年 3月 3日　第2刷発行

著者	**齋藤 勝裕**（さいとう かつひろ）
発行者	内田 真介
発行・発売	ベレ出版 〒162-0832　東京都新宿区岩戸町12 レベッカビル TEL.03-5225-4790　FAX.03-5225-4795 ホームページ　https://www.beret.co.jp/
印刷	モリモト印刷株式会社
製本	根本製本株式会社

ISBN 978-4-86064-749-0 C0042　　編集担当　坂東 一郎